高职高专机械类专业新形态系列教材

精密检测技术

主　编　郭　国
副主编　常昱茜　张　川　张乾乾　陈彦新
主　审　杨国星

西安电子科技大学出版社

内 容 简 介

本书介绍了使用三坐标测量机检测各种典型零件的编程方法及基本操作。全书共分为七个项目，分别为坐标测量应用基础、尺寸误差检测、形状误差检测、方向误差检测、位置误差检测、跳动误差检测、曲线曲面检测。

本书适合高职高专院校机械类、机电类专业使用，也可供制造行业的工程技术人员、操作人员参考。

图书在版编目（CIP）数据

精密检测技术 / 郭国主编. -- 西安：西安电子科技大学出版社，2024. 8. -- ISBN 978-7-5606-7379-0

Ⅰ. TG806

中国国家版本馆 CIP 数据核字第 20246CM372 号

策　　划　　刘小莉
责任编辑　　刘小莉
出版发行　　西安电子科技大学出版社（西安市太白南路 2 号）
电　　话　　（029）88202421　88201467　　　邮　　编　　710071
网　　址　　www.xduph.com　　　　　　　　电子邮箱　xdupfxb001@163.com
经　　销　　新华书店
印刷单位　　咸阳华盛印务有限责任公司
版　　次　　2024 年 8 月第 1 版　　2024 年 8 月第 1 次印刷
开　　本　　787 毫米×1092 毫米　1/16　印　张　12
字　　数　　283 千字
定　　价　　37.00 元
ISBN 978-7-5606-7379-0
XDUP 7680001-1
*** 如有印装问题可调换 ***

前　言
PREFACE

党的二十大报告指出，教育是国之大计、党之大计。培养什么人、怎样培养人、为谁培养人是教育的根本问题。高职教育是职业教育的重要组成部分，编写好职业教育教学教材，是推进职普融通、产教融合、科教融汇，优化职业教育类型定位的重要抓手。在本书的编写过程中，编者坚持以党的二十大精神为引领，将"落实立德树人根本任务，培养德智体美劳全面发展的社会主义建设者和接班人"的编写宗旨贯穿始终，在教授学生掌握岗位能力和劳动技能的过程中，强化对工匠精神的培养，使学生树立爱岗敬业、精益求精的职业精神，为全面建设社会主义现代化国家、为最终实现中华民族伟大复兴的远大理想不断努力奋斗。

本书围绕 ZEISS 三坐标测量机的编程测量设计了七个教学项目，具体包括：坐标测量应用基础、尺寸误差检测、形状误差检测、方向误差检测、位置误差检测、跳动误差检测和曲线曲面检测。本书还提供配套的三维模型、微课、PPT 等资源，便于学习者使用。

本书以企业岗位能力为目标，以企业实际的项目案例为载体，由校企共同开发，由天津轻工职业技术学院的教师和卡尔·蔡司上海管理有限公司的工程师共同编写。天津轻工职业技术学院的郭国担任主编，常昱茜、张川担任副主编，杨国星担任主审；卡尔蔡司上海管理有限公司的张乾乾、陈彦新担任副主编，杨飞、张泽鹏、张超、鞠传文、张景则等工程师参与文稿校正、视频录制等工作。由郭国完成项目一、项目二、项目七的编写，常昱茜完成项目三的编写，张川完成项目四的编写，张乾乾完成项目五的编写，陈彦新完成项目六的编写。全书由郭国统稿。

因编者水平有限，书中难免存在不妥之处，恳请读者提出宝贵意见。

编　者
2024 年 2 月

目 录
CONTENTS

★★ 第一部分 基础知识 ★★

★★ 第二部分 项目应用 ★★

第一部分　基础知识

坐标测量应用基础

项目引入

随着工业现代化进程的发展，伴随着众多制造业如汽车、机床及模具工业的涌现和大规模生产的需要，在加工设备提高工效、自动化更强的基础上，要求计量检测手段应当高速、柔性化、通用化。而固定、专用或手动的量具大大限制了大批制造和复杂零件加工业的发展，传统量具的检验模式已完全不能适用现代柔性制造和更多复杂形状工件测量的需要，所有这些因素促成了坐标测量行业的形成。坐标测量机是广泛应用于汽车制造、飞机装配、模具制造等领域的高精密几何量测量仪器，为了能够操作坐标测量机、胜任三坐标测量岗位，从业者应该掌握相关的应用基础知识。

项目思考

中国工程院院士、哈尔滨工业大学精密仪器工程研究院院长谭久彬表示"没有超精密测量就没有高端装备制造"。坐标测量机作为典型的精密测量设备，广泛应用于航空、航天、汽车等高端制造产业。测量的目的不仅在于判断产品是否合格，还在于通过测量的结果分析产品生产工艺，保证产品精度，在某些场合精密测量甚至直接参与到产品的制造和装配。我们应努力学习、钻研精密测量技术，为提高国家整体精密制造水平贡献自己的一份力量。

任务一　认识坐标测量机

1-1

一、坐标测量机的产生

世界上第一台现代意义的三坐标测量机由英国 Ferranti 公司于 1956 年研制成功，它是首台用光栅作为长度基准、用数字显示的坐标测量机，如图 1-1-1 所示。

图 1-1-1　世界上第一台现代意义的三坐标测量机

世界上第一台采用计算机数控(CNC)技术的坐标测量机是德国卡尔·蔡司公司于 1973 年研发的名为 UMM500 的三坐标测量机，如图 1-1-2 所示，它革命性地将电子技术和测量技术集成在一起，使测量精度可以达到 0.5 μm。

图 1-1-2　UMM500 三坐标测量机

二、坐标测量机的工作原理

坐标测量机的基本原理是将被测零件放入它允许的测量空间，精确测出被测零件表面的点在空间三个坐标位置的数值，将这些点的坐标值进行计算机数据处理，拟合形成几何要素，如圆、球、圆柱、圆锥、曲面等，如图 1-1-3 所示。再经过数学计算的方法得出其形状、位置公差及其他几何量数据，通过与名义几何要素进行对比来确认图纸上与之相关的尺寸、形状以及位置公差的一致性。几何要素术语解释如表 1-1-1 所示。

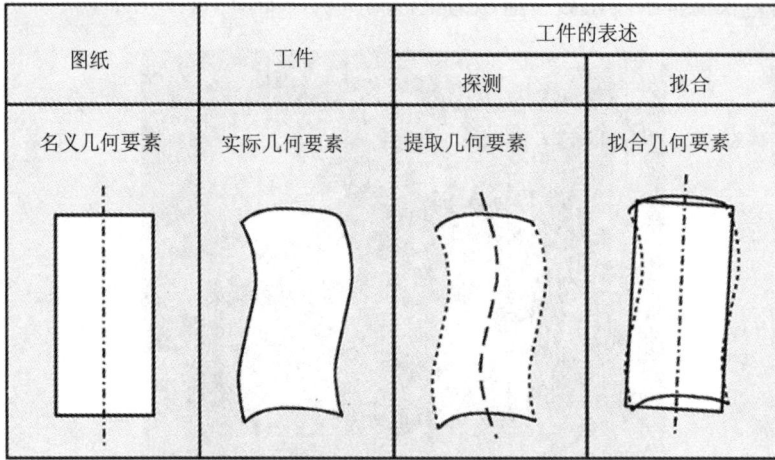

图纸	工件	工件的表述	
		探测	拟合
名义几何要素	实际几何要素	提取几何要素	拟合几何要素

图 1-1-3　拟合几何要素过程

表 1-1-1　几何要素术语解释

几何要素名称	几何要素解释
名义几何要素	设计人员根据要求在图纸或 CAD 上描绘出的理想工件相应的几何形状
实际几何要素	实际产品上的几何要素(加工工艺、外界温度变化、材料缺陷以及其他各种影响因素都可能造成工件尺寸偏差和变形)
提取几何要素	工件表面采集到的数据点
拟合几何要素	使用测量软件根据测量点确定,并考虑了名义几何要素

坐标测量机测量原理及流程如图 1-1-4 所示,通过对工件轮廓面进行离散点坐标获取,然后通过几何要素拟合操作后进行误差评定。

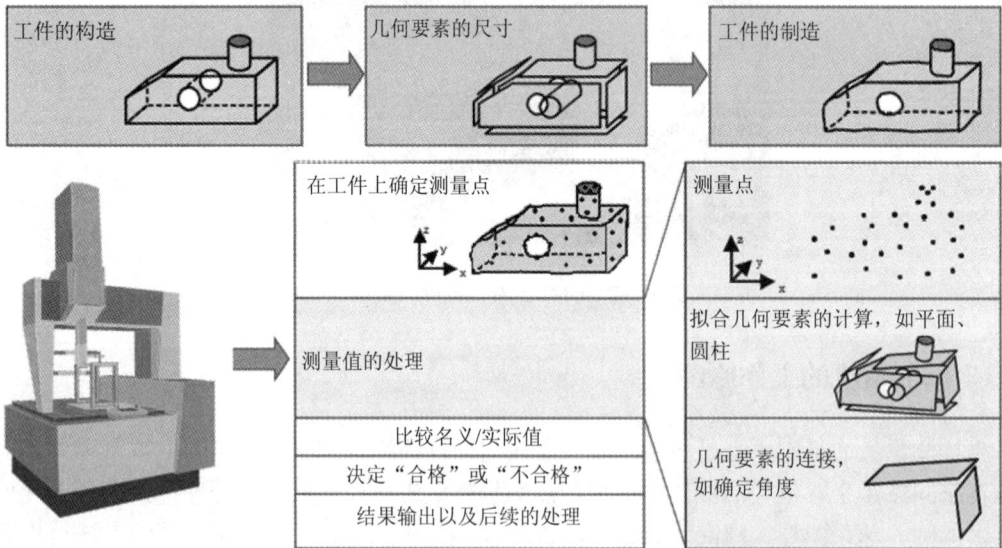

图 1-1-4　坐标测量机测量原理及流程

坐标测量机主要用于测量机械产品的尺寸和几何公差，如表 1-1-2 所示。

表 1-1-2　尺寸及几何公差

分类	公差类型	特　　性
尺寸公差	线性尺寸公差	距离、半径、直径
	角度尺寸公差	角度
几何公差	形状公差	直线度、平面度、圆度、圆柱度、线轮廓度、面轮廓度
	方向公差	平行度、垂直度、倾斜度、线轮廓度、面轮廓度
	位置公差	位置度、同轴度、同心度、对称度、线轮廓度、面轮廓度
	跳动公差	圆跳动、全跳动

三、坐标测量机的基本组成

坐标测量机由硬件和软件两部分构成，以蔡司三坐标测量机 CONTURA 机型为例，详细内容如表 1-1-3 所示。

表 1-1-3　坐标测量机的基本组成

1-2

组成	硬　　件			软件
分类	测量机主机	控制系统	传感器	CALYPSO 软件
图示				

1. 测量机主机

测量机主机包括 XYZ 轴(含导轨、光栅和驱动)、测量平台、基座等，如图 1-1-5 所示。

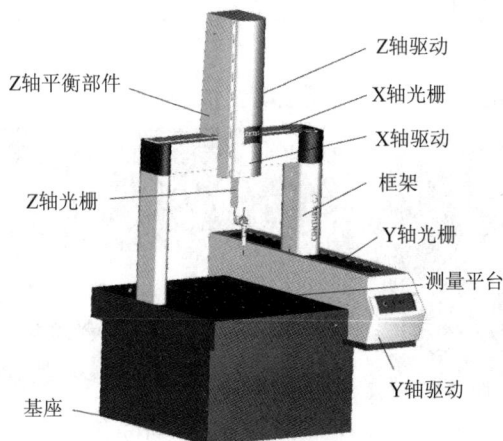

图 1-1-5　测量机主机

(1) XYZ 轴：各个轴上的导轨，每个都关联光栅尺作为一个组件，光栅尺定义了测量机的坐标系，组成高精度的测量空间。XYZ 轴的驱动是在数字控制系统的控制下完成空间多轴高精度联动的。

(2) 测量平台：主要用于支撑和固定被测工件。

(3) 基座：为整个测量系统提供可靠支撑。

常见坐标测量机按结构主要分为桥式测量机、龙门式测量机、悬臂测量机及其他结构形式测量机，如表 1-1-4 所示。

表 1-1-4　坐标测量机按结构分类

分类	图　示	特　点
桥式测量机		桥式测量机是使用最普遍的测量机，可以涵盖大多数的测量工件，包括高精度的测量任务。由于设计紧凑，桥架的刚性很好，因此它的精度也很好。它的主要缺点是由于桥架移动距离有限而使其量程受到限制
龙门式测量机		龙门式测量机通常用于测量很大的零件，多用于重工业、航空航天、汽车车身和模具制造等
悬臂测量机		悬臂测量机分为单臂式和双臂式两种，优点是有较大的测量范围，主要用于车辆、飞机、船舶的钣金件测量
其他	基于不同的测量需求，还有一些其他特殊结构类型的测量机，如关节臂式测量机、水平臂式测量机、柱式测量机等	

2. 测量机控制系统

测量机控制系统包括控制柜、操作面板等，如图 1-1-6 所示。

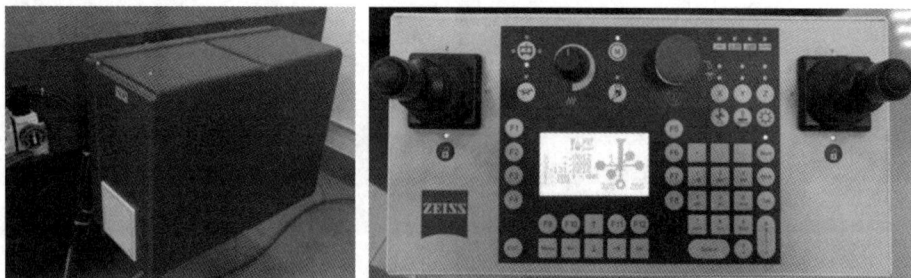

(a) 控制柜　　　　　　　　　　　　(b) 操作面板

图 1-1-6　测量机控制系统

控制系统的作用如下：

(1) 控制测量机的运动。

(2) 采集数据，对光栅读数进行处理。

(3) 根据补偿文件进行误差补偿。

(4) 与计算机进行各种交流通信。

3. 测量机传感器

测量机传感器分为接触式传感器和非接触式传感器，如表 1-1-5 所示。

表 1-1-5　传感器分类

分类	细分	图示
接触式传感器	单点触发式传感器	 VAST DT 　　RST-P
	扫描式传感器	 VAST GOLD 　　VAST XT GOLD 　　VAST XTR GOLD 　　VAST XXT
非接触式传感器	图像处理传感器	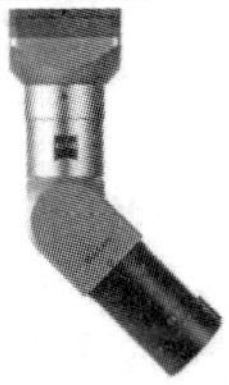 ViScan
	光学测距传感器	 DotScan 　　LineScan

4. CALYPSO 软件

如果没有计算机及软件的参与，测量机只能是一个简单的点收集器。测量软件 CALYPSO 界面如图 1-1-7 所示。

CALYPSO 软件系统有以下功能：

(1) 运行程序。

(2) 将点数据从机器坐标系转换到工件坐标系中。

(3) 进行数据计算、几何元素拟合和构造等。

(4) 评价和显示测量结果。

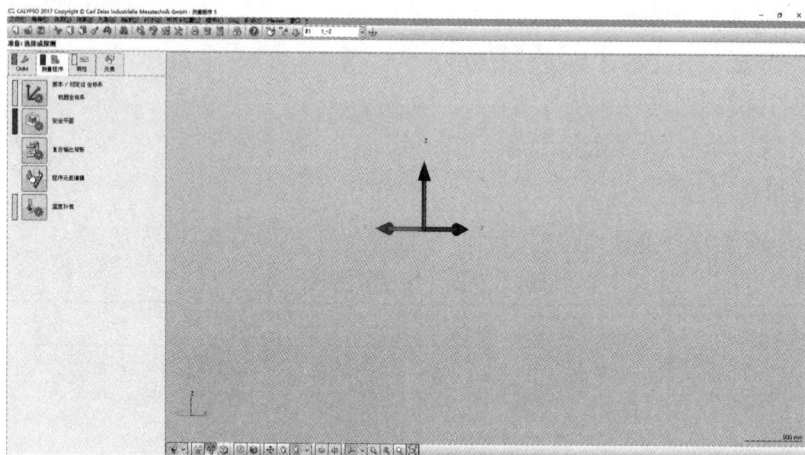

图 1-1-7   CALYPSO 界面

任务二   坐标测量机的使用要求

1-3

一、坐标测量机的主要参数

1. 行程参数

行程参数描述了机器最大量程范围,如蔡司 CONTURA 7/10/6 测量机,X、Y、Z 轴的行程分别为 700 mm、1000 mm、600 mm。

2. 设备主要精度参数

(1) 最大允许探测误差 PFTU。如果生产商注明了探测误差 PFTU = 1.7 μm,那么在验收的过程中,探测误差必须小于 1.7 μm (验收方法参考 ISO-10360 及厂商设备说明)。

(2) 最大允许长度测量误差 $E_{L,\,\mathrm{MPE}}$。最大允许长度测量误差 $E_{L,\,\mathrm{MPE}}$ 的公式为

$$E_{L,\,\mathrm{MPE}} = A + \frac{L}{K}$$

式中:L 代表被测长度,单位为 mm;A 和 K 是常数(验收方法参考 ISO-10360 及厂商设备说明)。例如 $A = 2\ \mu m$,$K = 400\ mm/\mu m$,长度 $L = 200\ mm$,则最大允许误差 $E_{L,\,\mathrm{MPE}} = 2\ \mu m + 200/400\ \mu m = 2.5\ \mu m$,$E_{L,\,\mathrm{MPE}}$ 计算示意如图 1-2-1 所示。

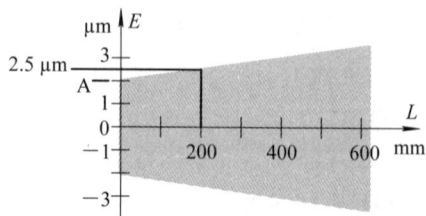

图 1-2-1   最大允许长度测量误差示意图

二、影响测量结果的主要因素

影响测量结果的因素包括人(操作人员)、机(测量机)、料(工件)、法(测量策略)、环(环境)五个方面，如图 1-2-2 所示。其中人员和环境影响显著，想成为一名优秀的三坐标测量人员，不仅要能够熟练操作坐标测量机，还要具备制图、生产工艺、标准、质量管理、计算机、统计学、几何学、计量学等相关知识。

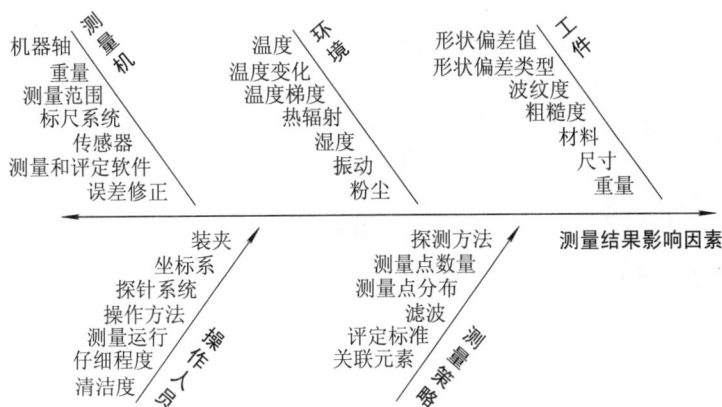

图 1-2-2　测量结果影响因素

三、坐标测量机的使用环境要求

由于三坐标测量机是一种高精度的检测设备，环境的好坏对于测量机的正常工作至关重要，其中包括温度、湿度、供气质量、导轨清洁与保护、振动、电源等因素。

(1) 温度要求：计量标准温度为 20℃，常用坐标测量机的环境温度范围是 18～22℃。

(2) 湿度要求：通常坐标测量机湿度范围要求为 40%～60%。若湿度过大，水汽会在 CMM 上凝结导致部件生锈，同时也可能导致大理石基座吸水而变形。若湿度过小，可能会引起静电从而影响电气部件。

(3) 供气质量：由于很多三坐标测量机采用气浮轴承，因此需要压缩空气，应保证压缩空气的清洁，避免含有油、水和其他杂质。供气气压也有一定要求，一般为 5～8 MPa。

(4) 导轨清洁与保护：通常建议定期用无水酒精擦拭导轨，要求使用无尘纸单面擦拭，导轨上不要放物体，不要用手触摸导轨。

(5) 振动干扰：环境中的振动对于测量机部件以及测量精度都会造成很大的影响，因此测量室不应建在有强振源、高噪声区域，如附近有冲床、压力机、锻造设备、打桩机等。

(6) 电源要求：电压要求为有效值 220 V，波动不超过 ±10%，建议使用 UPS(不间断电源)。

四、坐标测量机开机流程

常见的坐标测量机开机流程如图 1-2-3 所示。

1-4

(a) 打开气源，确认气压
(5~8 bar/0.5~0.8 MPa)

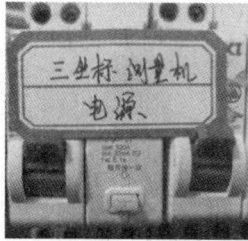

(b) 打开控制柜开关

(c) 打开机器电驱动开关

(d) 待控制面板灯不再闪烁，
打开机器驱动开关

(e) 双击打开软件

(f) 机器回零

图 1-2-3　坐标测量机开机流程

五、操作面板常见功能

操作面板常用功能如图 1-2-4 所示。

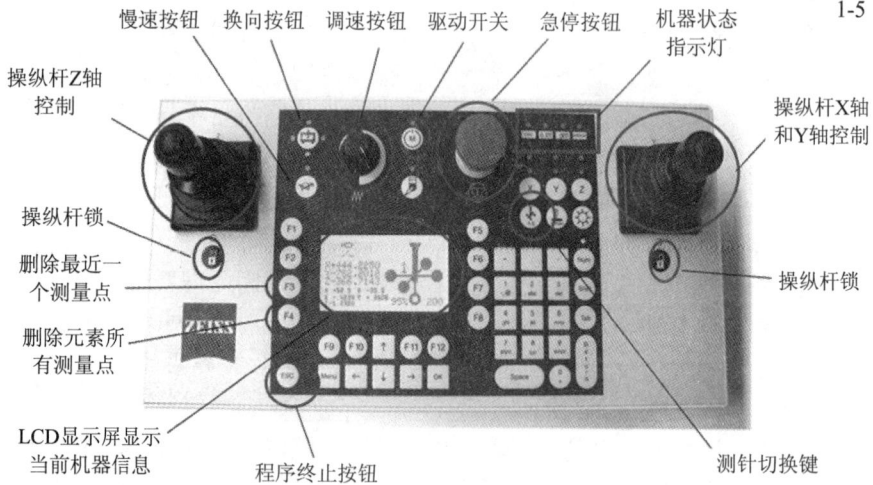

1-5

图 1-2-4　操作面板常用功能

六、坐标测量机关机步骤

常见的坐标测量机关机流程如图 1-2-5 所示。

(a) 将测量头移至机器右上角　　　　(b) 退出 CALYPSO 软件　　　　(c) 关闭驱动开关

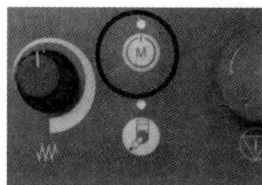

(d) 关闭机器电源开关　　　　(e) 关闭控制柜电源开关　　　　(f) 关闭气源

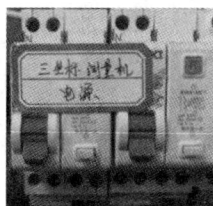

图 1-2-5　坐标测量机关机流程

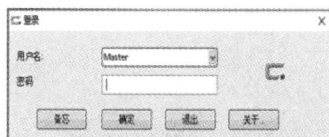

任务三　CALYPSO 软件的基本操作

一、启动 CALYPSO 软件

双击如图 1-3-1 所示的 CALYPSO 软件图标，弹出如图 1-3-2 所示的登录界面。

图 1-3-1　软件图标　　　　　　　　　　图 1-3-2　登录界面

在登录界面点击"确定"按钮，弹出启动页面、交通灯窗口和状态窗口，分别如图 1-3-3、图 1-3-4 和图 1-3-5 所示。启动页面包含"新建测量程序""打开测量程序""读取 CAD 模

型""管理探针系统""修改设置"等功能选项。交通灯窗口的红绿灯区域用于终止或恢复程序运行，点击红灯是终止程序运行、点击绿灯是恢复到正常联机状态，点击黄灯是暂停程序运行，探针系统提示当前使用的测针编号，注意交通灯窗口不可关闭。状态窗口显示的是坐标测量机状态信息。

图 1-3-3　启动页面

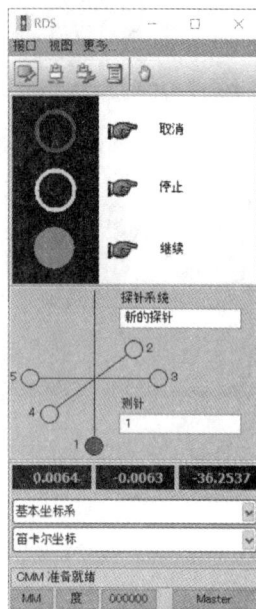

图 1-3-4　交通灯窗口

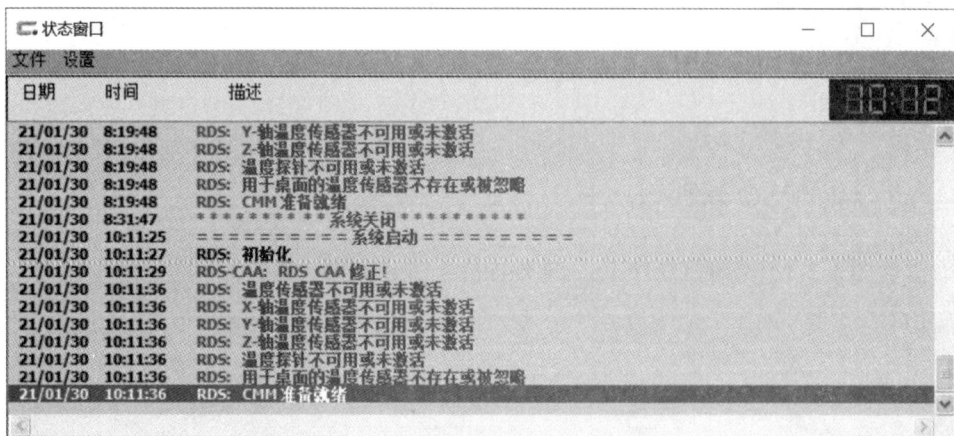

图 1-3-5　状态窗口

二、新建/打开测量程序

在启动页面单击"新建测量程序"选项，可新建测量程序，新建的测量程序界面如图1-3-6 所示。单击启动页面的"打开测量程序"选项，可打开已有的测量程序。

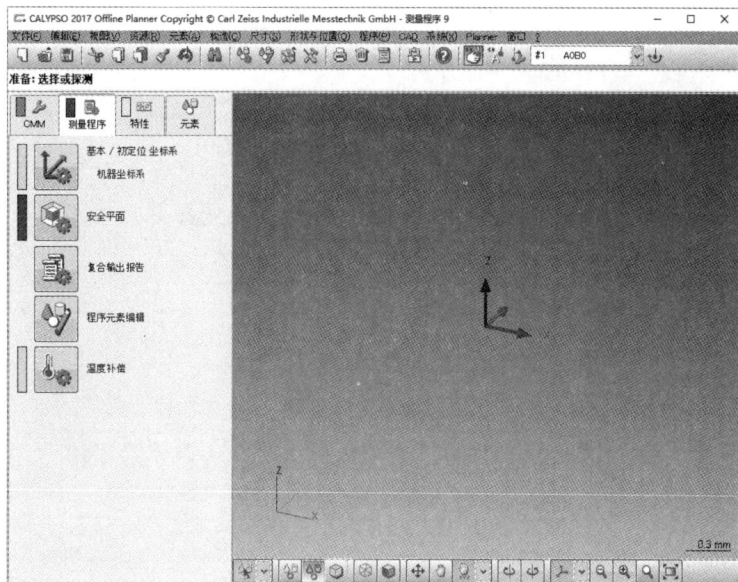

图 1-3-6 测量程序界面

三、保存测量程序

在测量程序界面完成编程或其他操作后，可以对文件进行保存，保存时可以在菜单栏选择"文件"→"保存"命令，也可以在工具栏单击"保存"按钮，或直接使用 Ctrl + S 快捷命令，即可将文件保存到默认的目录。如果需要将当前文件保存到其他文件夹或保存为另外一个文件，可以在菜单栏选择"文件"→"另存为"命令。

四、测量程序界面介绍

测量程序界面各区域介绍如图 1-3-7 所示。

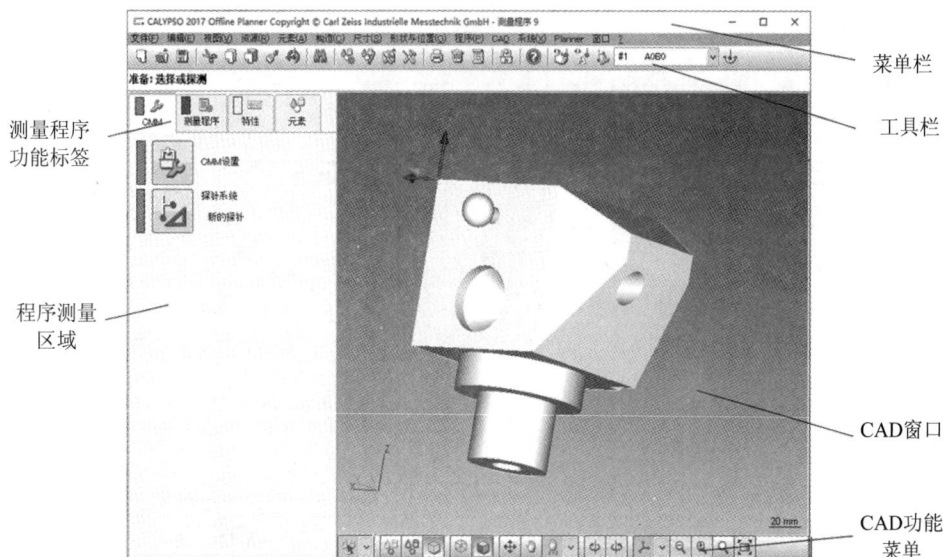

图 1-3-7 测量程序界面各区域介绍

五、模型基本操作

1. 导入模型

在测量程序界面菜单栏选择"CAD"→"CAD 文件"→"导入"命令，弹出打开 CAD 文件对话框，如图 1-3-8 所示，浏览所需要导入的模型，选择并点击"打开"按钮，导入的模型将显示在 CAD 窗口中，如图 1-3-9 所示。

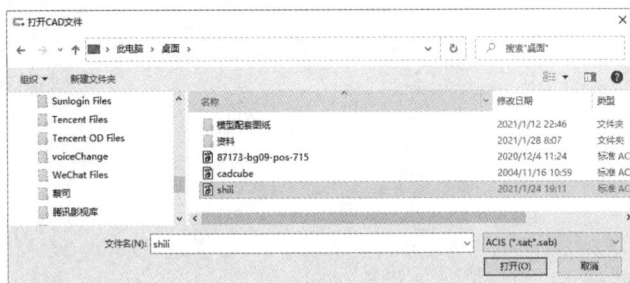

图 1-3-8　打开 CAD 文件对话框

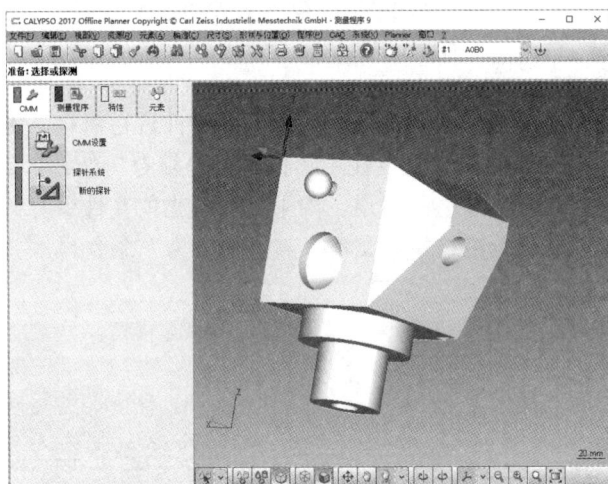

图 1-3-9　模型显示窗口

2. 模型修复

导入模型后，若模型存在错误，可在菜单栏选择"CAD"→"CAD 文件"→"自动修复"命令，弹出如图 1-3-10 所示修复设置对话框，依次勾选对应的复选框，设置公差值，完成模型自动修复。

3. 模型操作

在 CAD 窗口，可通过鼠标对 CAD 模型进行基本的操作，其中鼠标左键——平移；鼠标滚轮——缩放；鼠标右键——旋转。图 1-3-11 所示为 CAD 菜单功能说明。

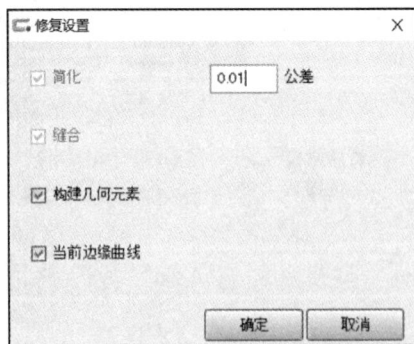

图 1-3-10　修复设置对话框

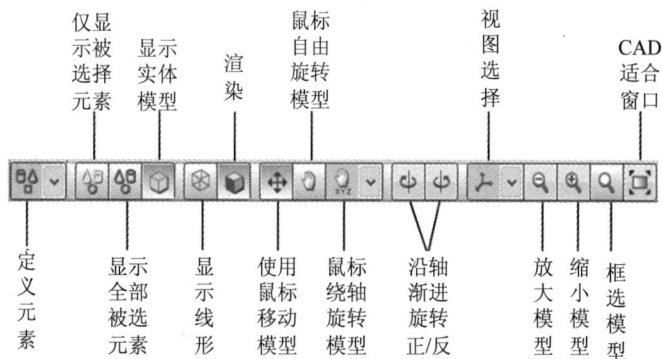

图 1-3-11 CAD 菜单功能说明

任务四 坐标测量机常用测量模式

一、测量模式介绍

表 1-4-1 所示为几种测量模式的对比。利用脱机编程与仿真软件可在脱机软件上完成编程与仿真，待程序调试完成后再用于实际测量，无须占用机器，提高了机器利用率和测量效率。另外，对于初学者，利用脱机编程与仿真功能可以提高学习效率，同时也更加安全。

表 1-4-1 测量模式对比

序号	测量模式	适用情形	特 点
1	手动测量	适用于单件次简单件测量	单件次手动测量可省去编程时间。对于批量件测量效率低，人员重复劳动。对于复杂型面，手动采点精度低，且不能扫描采集数据点
2	示教编程	适用于无 CAD 模型的批量简单件测量	编程过程可获得测量数据，批量件可节省测量时间。编程过程占用机器。每次改变探针方向前后，都必须考虑安全移动，复杂型面难以精度测量
3	CAD 在线编程	有 CAD 模型的测量	编程过程可获得测量数据，可扫描采点，复杂型面采点精度高，批量件可节省测量时间。编程过程占用机器
4	脱机编程与仿真测量	有 CAD 模型的测量	无须连接机器，在脱机软件上即可完成编程与仿真，无需占用机器，机器利用率高。编程过程无法获取测量数据

二、CALYPSO 仿真功能介绍

1. 模拟界面

在菜单栏选择 "Planner"→"探针模拟"命令,弹出模拟界面,模拟界面功能说明如图 1-4-1 所示。

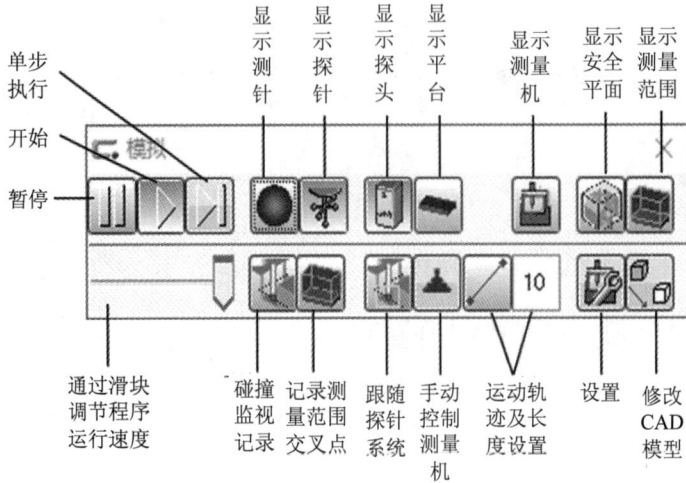

图 1-4-1　模拟界面功能说明

2. 模型定位

在模拟界面单击"显示探针"→"显示轴"→"显示测量机"按钮,系统显示测量机界面,探针和轴如图 1-4-2 所示。

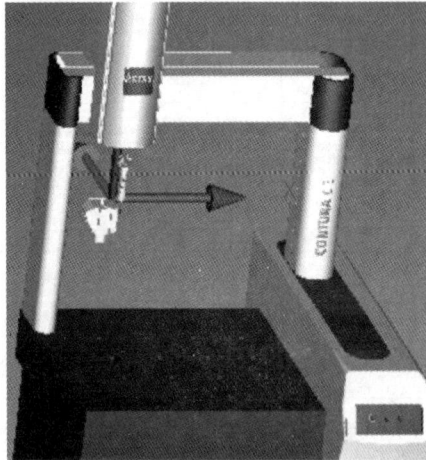

图 1-4-2　测量机界面

首先导入示例模型,然后单击模拟界面上的"修改 CAD 模型"按钮,弹出修改 CAD 模型对话框,如图 1-4-3 所示,选中模型(模型变成红色),可对模型进行平移、旋转操作。

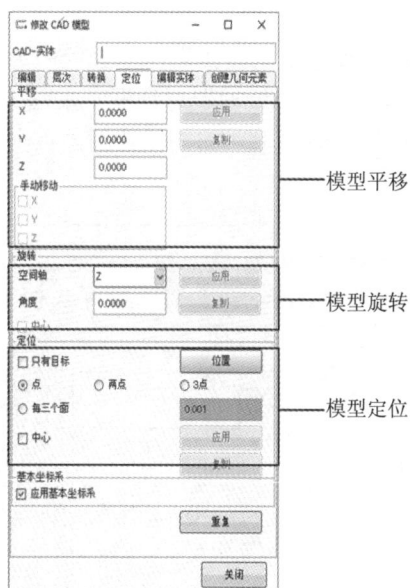

图 1-4-3　修改 CAD 模型对话框

　　单击修改 CAD 模型对话框上的位置按钮，开始对模型进行定位。在模型的最下方选择一个点，如图 1-4-4 所示，然后在模拟测量机平台上选择一个点，单击应用按钮，实现对模型的定位，如图 1-4-5 所示。

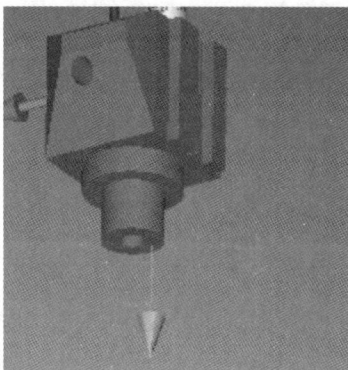

图 1-4-4　在模型上选择点

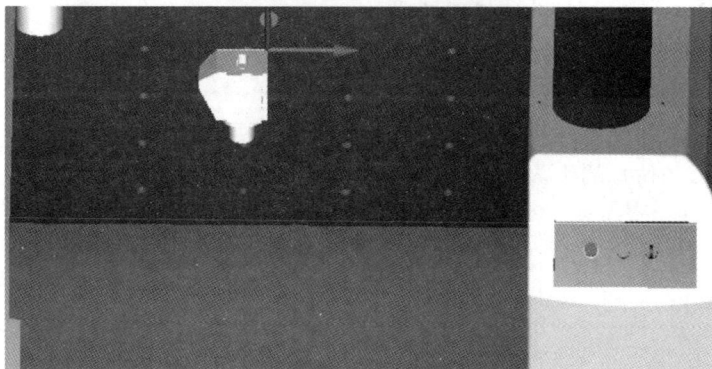

图 1-4-5　模型定位

3. 模拟仿真设置

在脱机软件中，可通过设置模拟值，在仿真测量过程中参数模拟数据。在菜单栏选择"系统"→"设置"→"测量"，弹出系统设置对话框。在系统设置对话框选择"模拟"选项卡，勾选"激活差量"复选框，然后输入偏差量范围，点击"应用"按钮，完成模拟值的设置，如图 1-4-6 所示。

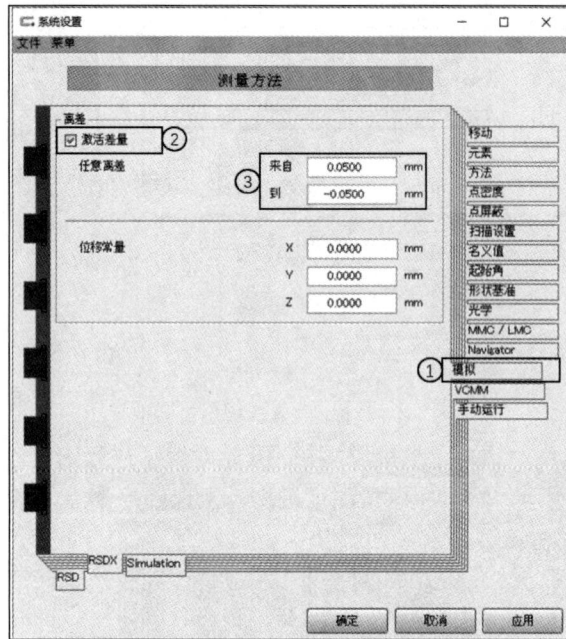

图 1-4-6　模拟设置

习　题

1．坐标测量机的工作原理是什么？
2．坐标测量机主要用于测量哪些公差项目？
3．ZEISS Duramax 5/5/5 量程为多少？
4．设 $A = 1.5\ \mu m$，$K = 350\ mm/\mu m$，长度 $L = 700\ mm$，试求最大允许长度测量误差 $E_{L,\ MPE}$？
5．计量标准温度为多少？
6．坐标测量机的使用环境要求有哪些？
7．脱机编程和仿真的优势是什么？

第二部分　项目应用

项目二

尺寸误差检测

项目引入

连接板零件图纸如图 2-0-1 所示，该零件包含多项尺寸误差检测项目，要求使用三坐标测量机(CONTURA G2，7/10/6，配备 RDS+VAST XXT 探针系统)完成相关项目的检测，并出具检测报告。

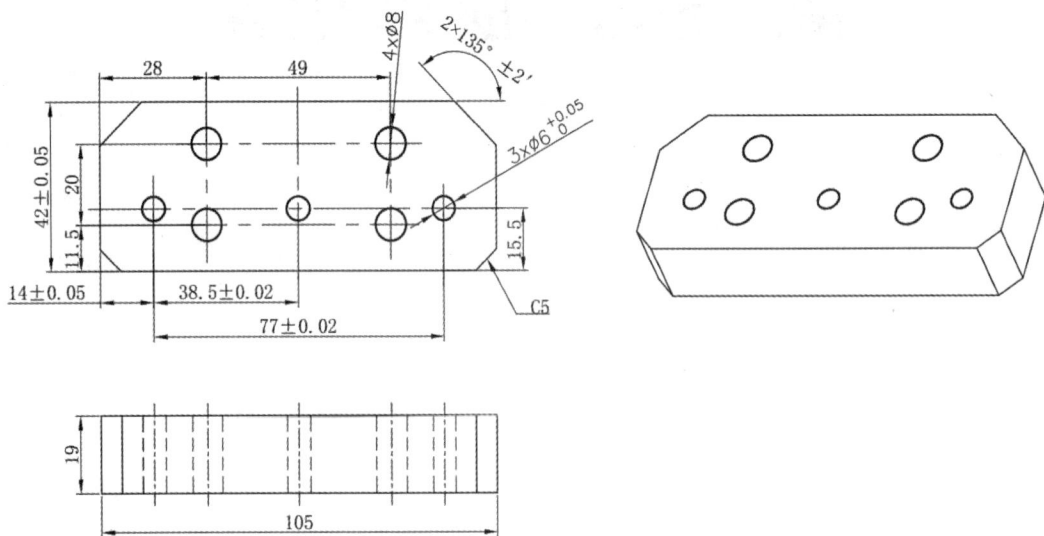

图 2-0-1　连接板零件图纸

项目思考

本项目在测量前应该先统筹规划，梳理测量项目，做好检测方案，保证测量精度和测量效率。

任务一　检测规划

2-1

一、任务准备

1. 梳理测量项目

在开始测量之前，应认真阅读、分析图纸，梳理测量项目，明确需要采集的元素，并对元素进行编号，形成表 2-1-1 所示测量项目梳理表。梳理测量项目使测量过程清晰有序，有效指导后续的工件装夹、测针选型、定义元素、定义特性等环节，同时可有效避免漏检。

表 2-1-1　测量项目梳理表

序号	测 量 项 目	描　　　　述	备　　注
1			
2			

2. 工件装夹定位

测量之前，应对工件进行装夹，工件的装夹应遵循以下原则：

(1) 被装夹的工件应尽可能摆正，以避免测量时碰杆、碰针。比如使平面元素的法线方向与机器轴方向一致，或者使圆柱元素的轴线与机器轴方向一致。

(2) 被测量的位置不能存在遮挡，装夹的位置应尽可能选择在没有测量要求的位置。

(3) 工件、夹具、测量机之间不能存在非稳定连接，避免使用双面胶、橡皮泥等。

(4) 尽可能保证一次装夹，即可完成所有元素的测量，避免二次装夹，以保证测量效率和测量精度。

(5) 采用合适的装夹力，装夹过松容易导致工件发生位移，装夹过紧容易导致工件变形。

常用的装夹工具和装夹方式包括以下 4 种：

(1) 精密平口钳。精密平口钳常用于外形比较规则的工件，也可配合特殊钳口用于装夹轴类零件，如图 2-1-1 所示。

图 2-1-1　精密平口钳

(2) 三爪卡盘。三爪卡盘常用于轴类零件的装夹，如图 2-1-2 所示。

图 2-1-2　三爪卡盘

(3) 柔性夹具。柔性夹具由三明治板和若干辅助工具组成，应用非常灵活，即可用于装夹规则零件，又可用于装夹非规则零件，如图 2-1-3 所示。

图 2-1-3　柔性夹具

(4) 专用夹具。专用夹具常用于特殊工件或大批量件的编程测量，如图 2-1-4 所示。

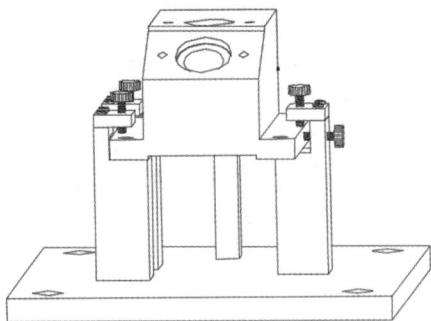

图 2-1-4　专用夹具

二、任务实施

1. 梳理测量项目

按照图 2-1-5 所示对测量项目进行梳理并编号，按照图 2-1-6 所示对测量元素进行编号，形成表 2-1-2 所示的测量项目表。

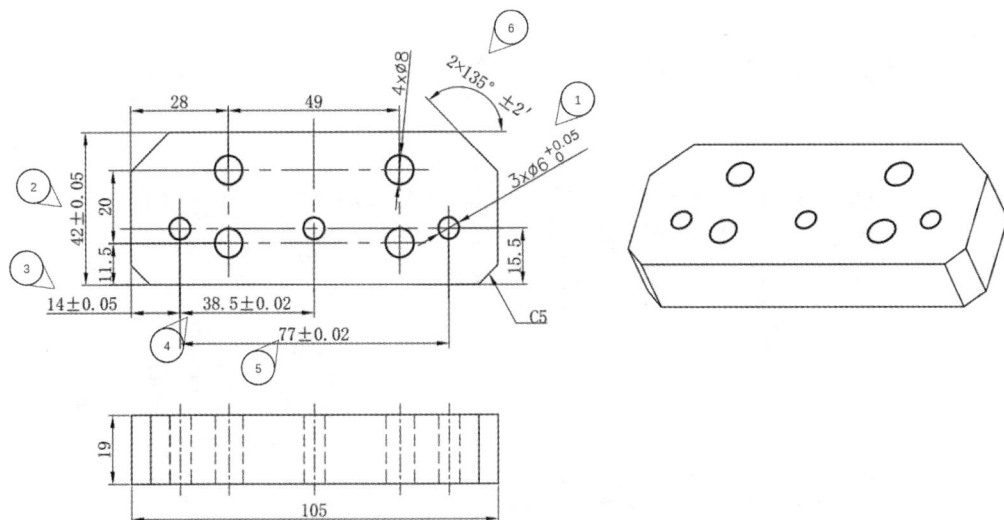

图 2-1-5 测量项目编号

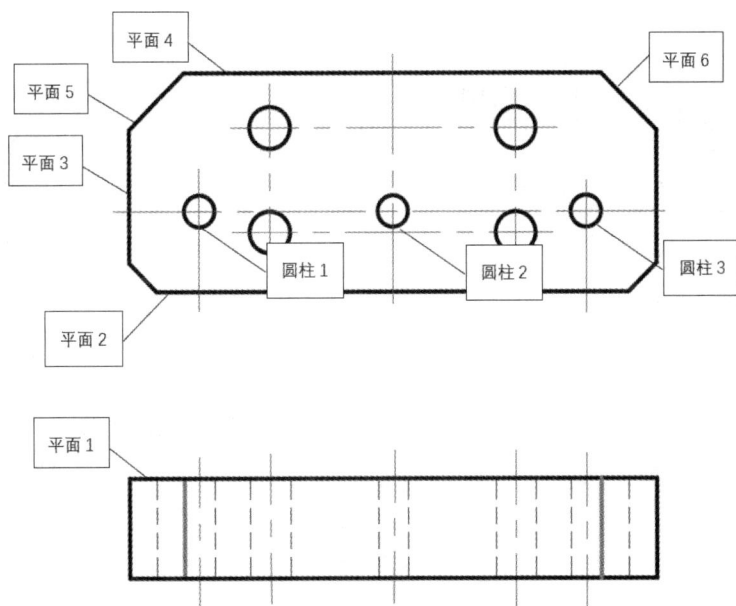

图 2-1-6 测量元素编号

表 2-1-2 测量项目表

序号	测量项目	描　　述
1	$3 \times \phi6_0^{+0.05}$	圆柱 1、圆柱 2 和圆柱 3 的直径
2	42 ± 0.05	平面 2 与平面 4 距离
3	14 ± 0.05	平面 3 与圆柱 1 轴线单方向距离
4	38.5 ± 0.02	圆柱轴线 1 与圆柱 2 轴线单方向距离
5	77 ± 0.02	圆柱 1 轴线与圆柱 3 轴线单方向距离
6	$2 \times 135° \pm 2'$	平面 4 与平面 5 夹角，平面 4 与平面 6 夹角

2. 确定装夹方案

根据工件装夹的原则，采用图 2-1-7 所示的精密平口钳装夹方案，保证一次装夹可完成全部元素的测量，将装夹后的平口钳(工件)固定于三坐标测量平台上，使之尽量处于平台中间位置，工件平面的法线方向尽可能与机器轴一致。

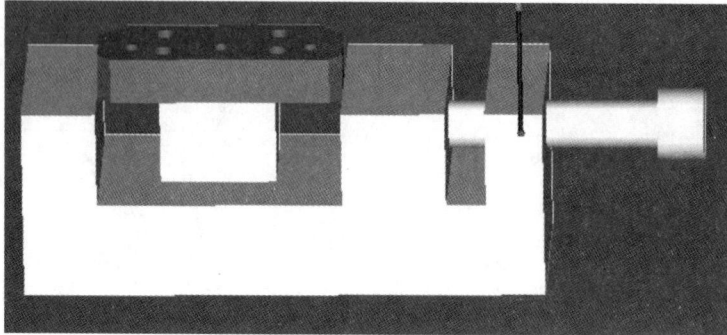

图 2-1-7 精密平口钳装夹方案

任务二 探针选型及校准

2-2

一、任务准备

1. 探针系统介绍

以 RDS+VAST XXT 探针系统为例，其组成部分包括 RDS 测座、适配器、VAST XXT 传感器、吸盘和探针等五部分，如图 2-2-1 所示。

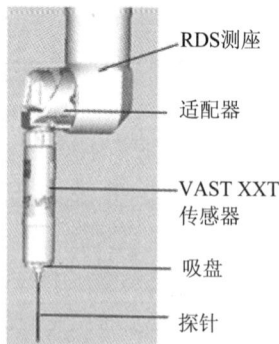

图 2-2-1 探针系统组成

(1) RDS 测座。蔡司 RDS 动态旋转测座如图 2-2-2 所示，采用侧面旋转技术的动态旋转测座在 Y 轴和 Z 轴两个方向上均可以实现 ±180° 旋转，步距角为 2.5°，空间旋转位置可达 20 736 个。采用 CAA 技术极大地节约了探针校准与检测时间。

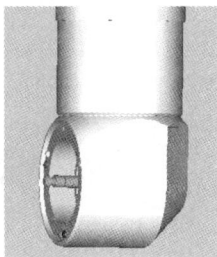

图 2-2-2 蔡司 RDS 动态旋转测座

从机器的正前方观察，绕 Z 轴旋转的为 A 角，绕 Y 轴旋转的为 B 角。图 2-2-3 所示 A 角和 B 角均为 0°。

A 角从图示状态绕机器 Z 轴旋转，右手拇指指向 −Z 轴，四指弯曲方向为正值。

B 角从图示状态绕机器 Y 轴旋转，右手拇指指向 −Y 轴，四指弯曲方向为正值。

例如图示中测座沿箭头方向旋转，A/B 角逐渐增大，由 0°→180°，步距角 2.5°，测座沿箭头相反方向旋转，A/B 角逐渐减小，由 0°→−180°，步距角 −2.5°。

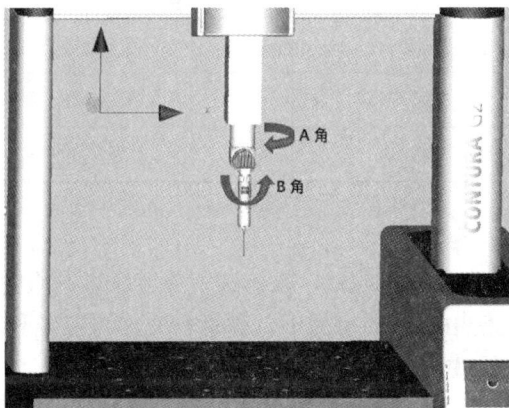

图 2-2-3 A 角和 B 角

(2) VAST XXT 传感器。VAST XXT 传感器如图 2-2-4 所示，适用于 RDS 可多点探测及扫描的探头系统，扫描速率最高可达 150 点/s。不同型号可匹配探针长度 TL3 为 30～150 mm，探针最大质量为 15 g(包含吸盘)，探针最小直径为 0.3 mm。

图 2-2-4 VAST XXT 传感器

(3) 探针。探针和延长杆参数如图 2-2-5 和 2-2-6 所示，测针各参数含义如表 2-2-1 所示。

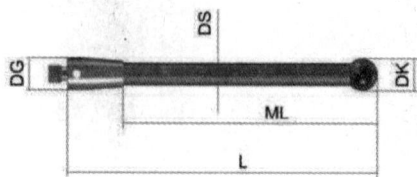

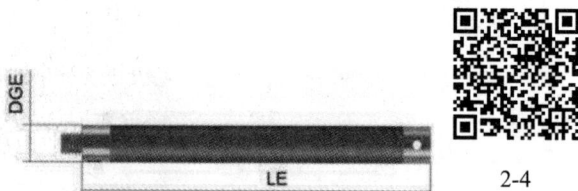

2-4

图 2-2-5　探针　　　　　　　　　　图 2-2-6　延长杆

表 2-2-1　测针参数含义

序号	项　　目	描　　述
1	L	总长度
2	ML	有效长度
3	LE	延长杆的测量长度
4	DS	杆的直径
5	DGE	延长杆直径
6	DK	探针球的直径
7	DG	底座的直径

2. 探针选型

按照 VAST XXT 探针目录选择探针，探针选型应遵循以下原则：

(1) 探针长度在满足使用要求的前提下，探针杆应尽可能短和粗。因为探针越细长，弯曲或变形量则越大，精度越低。

(2) 要减少连接。每增加一个测针与测针杆的连接都可能会降低探针稳定性。

(3) 要选择合适测球直径。测球过小容易引起干涉，测球过大则会带来更明显的机械滤波效果。一般直径 2～5 mm 的探针史为常用。

(4) 遵守厂家对接针长度的要求，如 VAST XXT TL3 侧面接针应小于 65 mm。

3. 探针校准

1) 探针校准的目的

(1) 确定探针之间的相对位置。

(2) 确定测针的有效直径，测杆弯曲补偿。

2-5

2) 探针校准步骤

探针分为主探针和工作探针，分别如图 2-2-7 和 2-2-8 所示。主探针主要用于参考球定位，不用于测量工件，而工作探针用于测量工件。校准探针的原则是先校准主探针，再校准工作探针。

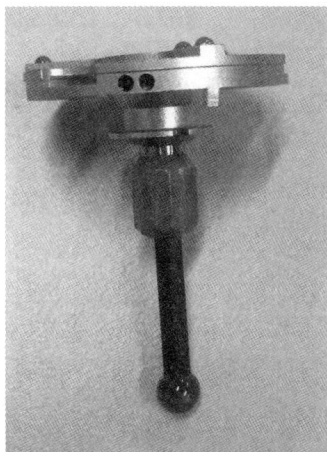

图 2-2-7　主探针　　　　　　　　　　　　　　　图 2-2-8　工作探针

(1) 校准主探针。手动将主探针安装在探头上。在"CMM"功能标签下单击"探针系统"图标，弹出探针校准对话框，该对话框常用各图标功能说明如图 2-2-9 所示。

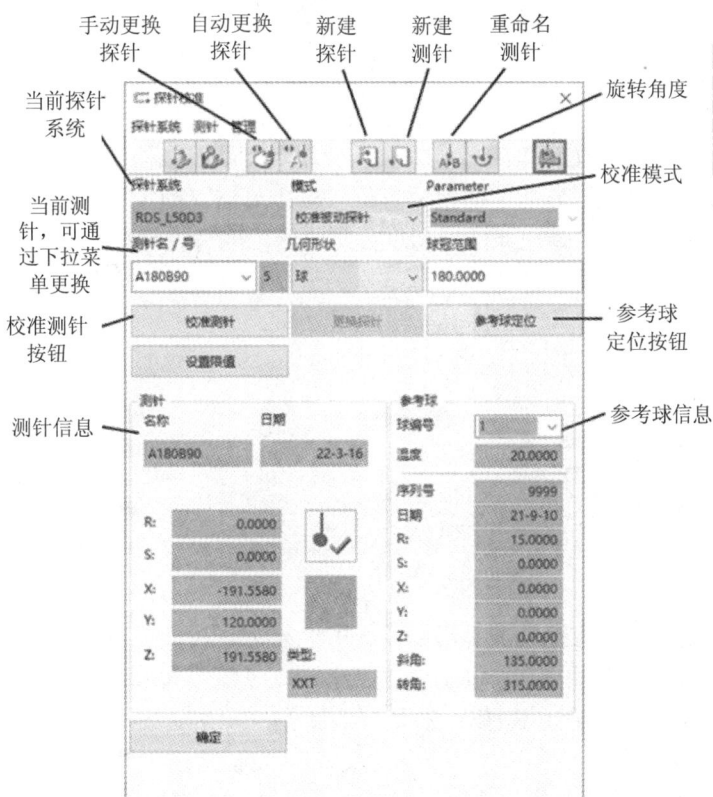

图 2-2-9　探针校准对话框各图标功能说明

在探针校准对话框单击"手动更换探针🐾"图标，在弹出的对话框中，单击"安装探针⬆"按钮。在弹出的请求对话框中单击"确定"按钮。然后，在弹出的选择探针对话框中，选择"主探针"，单击"确定"按钮，完成主探针的安装，如图 2-2-10 所示。

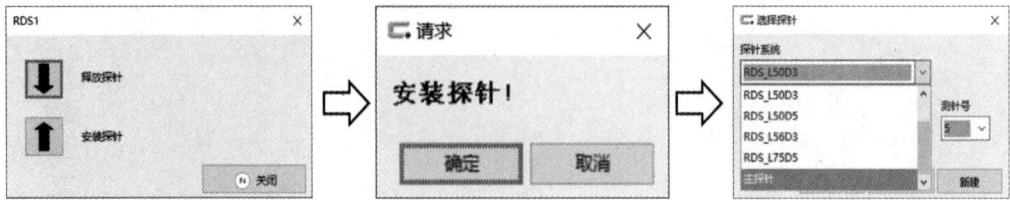

图 2-2-10　更换探针操作

在探针校准对话框，单击"参考球定位 [参考球定位] "按钮，在弹出的对话框中选择参考球的摆放角度。参考球的角度包括斜角和转角，斜角为参考球支撑杆与立柱之间的夹角。转角为在 XY 平面内，支撑杆以球心为原点，顺时针旋转到 +X 轴的角度，如图 2-2-11 所示。

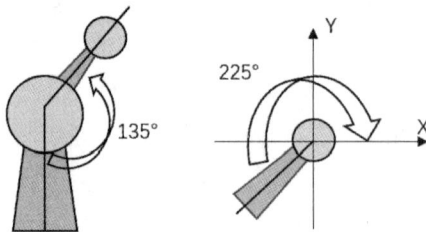

图 2-1-11　选择参考球定位

斜角通常为 135°，确认转角的简便方法：操作人员站在机器的正前方，俯视校准球的摆放，确保校准球与对话框界面中的摆放方位一致，单击"确定"按钮。然后在弹出的对话框中单击"确定"按钮，弹出新的对话框提示"请沿测杆方向探测"，如图 2-2-12 所示。通过手柄控制测量机，沿着 –Z 方向在标准球的最高位置采集一个点，系统自动完成主探针的校准。

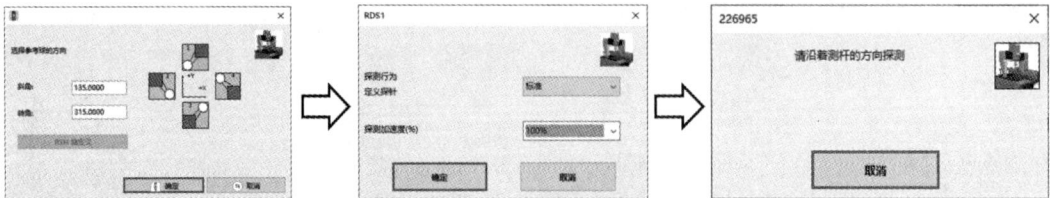

图 2-2-12　主探针校准

主探针校准完成后，探针校准对话框界面中会显示其相关参数。主探针的标准偏差 S 通常应小于 0.001 mm，如果 S 值偏大，需重新校准。S 值较大的主要原因可能是主探针或标准球有污渍，也可能是探针/传感器松动，可用无水酒精和无尘布擦拭或拧紧后重新校准。

(2) 校准工作探针。手动将工作探针组装完成，并安装在探头上。在探针校准对话框单击"手动更换探针🖐"图标，在弹出的对话框中单击"安装探针⬆"按钮，在弹出的请求对话框中，单击"确定"按钮。系统弹出选择探针对话框，此时可以在探针系统下拉菜单中选择已经创建的探针，如图 2-2-13 所示。

2-7

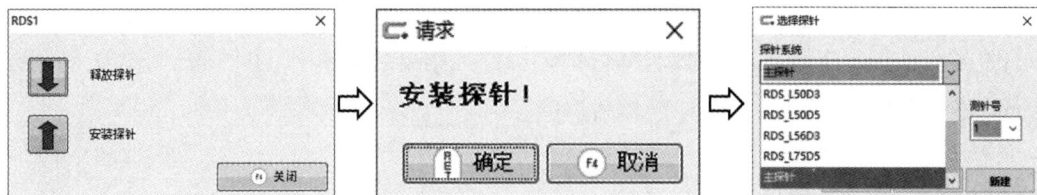

图 2-2-13 选择工作探针

如果没有合适的探针供选择，也可进行创建。在探针校准对话框单击"创建新的探针 "按钮，弹出创建新的探针对话框，在该对话框输入探针名称和测针名称，例如，探针名称"L56D3"和测针名称"A0B0"，选择测针号"1"，点击"确定"按钮，完成新探针的创建，如图 2-2-14 所示。

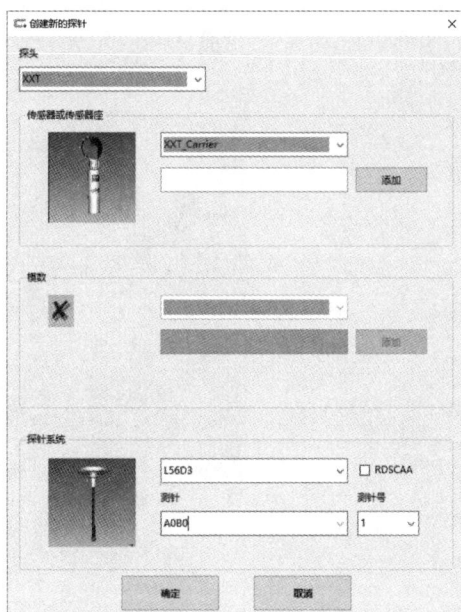

图 2-2-14 创建新的探针对话框

在探针校准对话框中，单击"校准测针"按钮，在弹出的对话框中采用默认设置并单击"确定"。然后按照系统提示，沿着测杆方向在标准球的最高位置采集一个点，系统自动完成工作探针 A0B0 的校准，如图 2-2-15 所示。

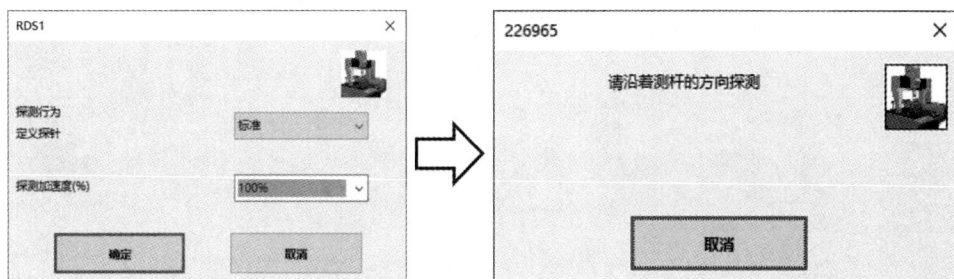

图 2-2-15 校准工作探针

工作探针校准完成后，探针校准对话框界面中会显示其相关参数。对于工作探针，标准偏差 S 应小于一定范围，例如刚性较好的测针校准结果通常小于 0.002 mm(刚性差的测针可能会大一些)，如果 S 值偏大，需重新校准。

(3) 增加新的测针并校准。在探针校准对话框单击"插入新的测针 🔲"图标，弹出创建新的测针对话框。在创建新的测针对话框中输入测针名称，例如，"A-90B90"，测针号为"2"，如图 2-2-16 所示，单击"确定"按钮。

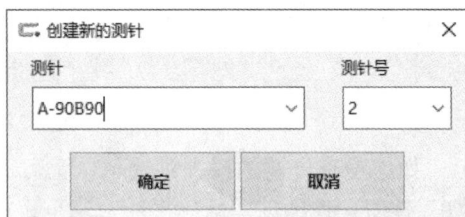

图 2-2-16　创建新的测针对话框

在探针校准对话框单击"将探针旋转到新的位置 🔲"图标，弹出 RC 列表对话框。在 RC 列表对话框中输入 A 角和 B 角分别为 −90.0° 和 90.0°，如图 2-2-17 所示。单击" →🔲 "，测针自动弹出切换角度窗口，如图 2-2-18 所示，完成 A-90B90 测针的创建。

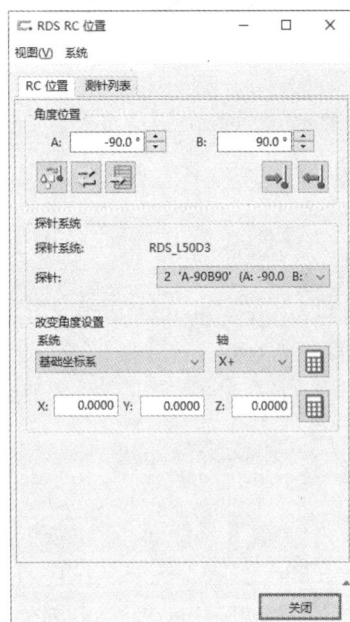

图 2-2-17　设置角度对话框

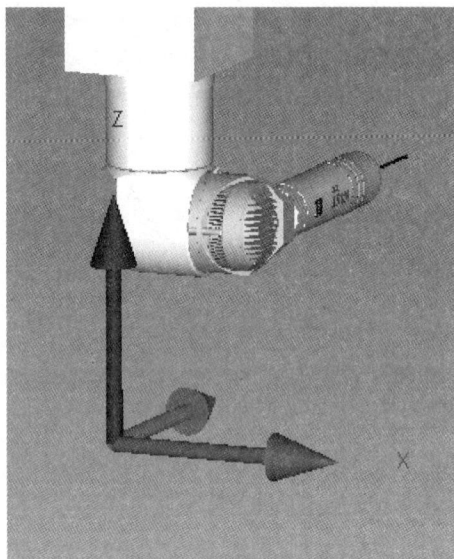

图 2-2-18　切换角度窗口

在探针校准对话框中单击"校准测针"按钮，在弹出的对话框中，采用默认设置并单击"确定"。然后按照系统提示，沿着测杆方向在标准球的 −Y 方向顶点处探测一个点，系统自动完成工作探针 A-90B90 测针的校准，如图 2-2-19 所示。

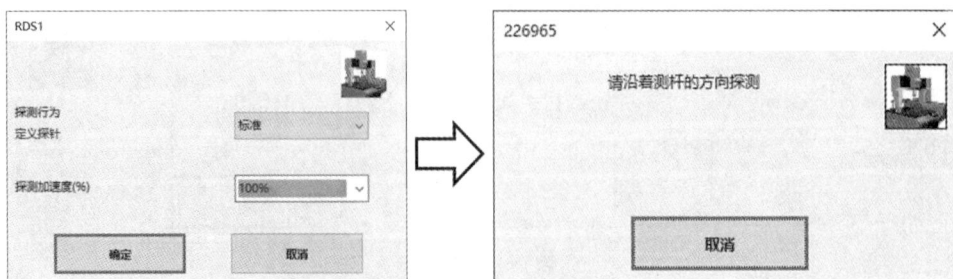

图 2-2-19　校准工作探针

(4) RDS_CAA 校准。计算机自动选择校准 12 个角度，并通过这些角度计算出其他角度的校准值和挠度。虽然这种校准方式会使测量精度下降，但能有效地提高工作效率。通常用于精度要求不高且比较复杂的工件，同时需要使用很多角度测针。

二、任务实施

1. 探针选型

结合探针选型原则，考虑被测孔径、探测深度、现场配备的探针等因素，选择长度 L33、球直径 DK3 的探针，命名为 L33D3，探针目录及实物如图 2-1-20 所示。

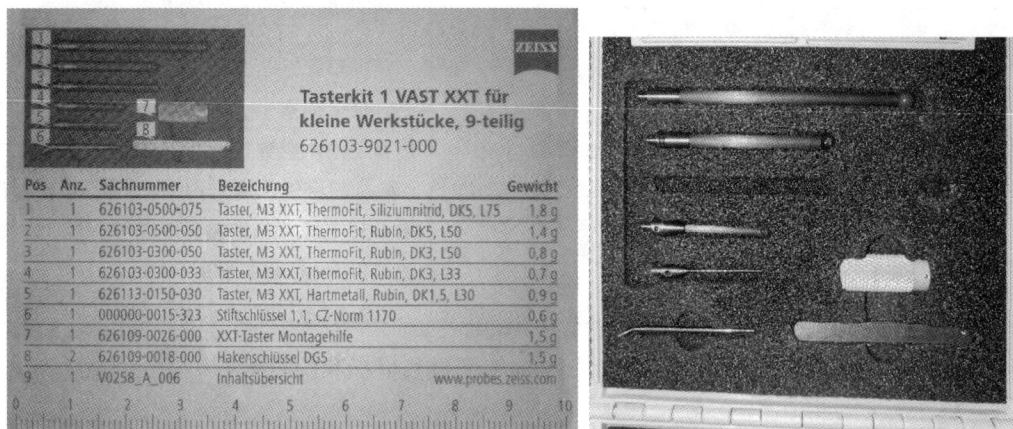

图 2-2-20　探针目录及实物

2. 探针校准

(1) 先校准主探针。

(2) 组装 L3D3 工作探针，根据测量需要，校准 A0B0 角度的测针。

任务三　建立基础坐标系和安全平面

一、任务准备

1. 坐标系几何学基础

常用的坐标系有平面直角坐标系(笛卡尔坐标系)，空间直角坐标系(空间笛卡尔坐标系)、平面极坐标系、柱面坐标系(或称圆柱坐标系)和球面坐标系(或称球坐标系)等。测量常用的是空间直角坐标系和圆柱坐标系，如表 2-3-1 所示。

表 2-3-1 常用坐标系介绍

分类	图 示	描 述
空间直角坐标系	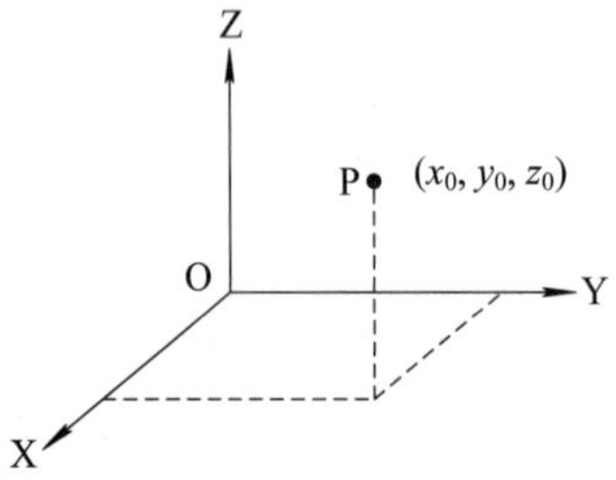	在空间直角坐标系(空间笛卡尔坐标系)中，空间当中的任一点都可用 x、y、z 坐标值表示，如图所示，点 P 的坐标值为 (x_0, y_0, z_0)
圆柱坐标系	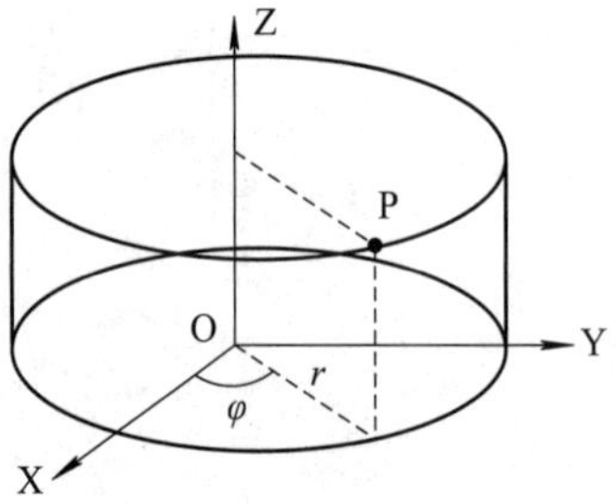	圆柱坐标系是一种三维坐标系统。它是二维极坐标系往 Z 轴的延伸。空间内点的位置是由一组数值 (r, φ, z) 来表示，其中 r 表示 P 点到 Z 轴的距离，φ 表示 P 点与原点在 XY 平面的投影连线与 X+ 所形成的夹角。r 总是大于 0，且 $0° \leqslant \varphi < 360°$

不同的坐标系之间可以相互转换，例如，空间直角坐标和圆柱坐标可以进行如下转换：

$$x = r \cos\varphi$$
$$y = r \sin\varphi$$
$$z = z$$

2. 测量机常用坐标系的介绍

(1) 机器坐标系。机器坐标系是测量机的固有坐标系，每台坐标测量机仅有一个机器坐标系。机器坐标系是坐标测量机移动指令及测量的基础，测量常规工件，使用机器坐标系是不方便的。对于测量程序来讲，用户须自定义一个参照于工件的坐标系。

(2) 基础(工件)坐标系。基础坐标系只有一个，用来定位找正工件，对于 CALYPSO 软件和坐标测量机来讲，它确定了工件在工作台上的位置。通过建立基础坐标系，建立了机床零点到工件偏移量的联系，即将基础工件坐标系与机器坐标系联系起来，对于一个测量程序来讲，所有其他的辅助工件坐标系都可以转化为相对于基础工件坐标系的计算。

(3) 辅助(工件)坐标系。一个测量程序中可以建立多个辅助坐标系，可用于辅助输出特性、辅助定位其他元素等使用的坐标系。

(4) 元素坐标系。元素坐标系是单个元素自带的本地坐标系，它的零点与方向由元素本身决定，一般元素坐标系并不太会使用，只有当编辑元素策略时，关于"路径的起始角度"是相对于元素坐标系的。

(5) 初定位坐标系。当用于建立基础坐标系的元素不易被手动探测或比较复杂时，可以在建立完基础坐标系后建立一个初定位坐标系，可简化自动测量程序启动前的工件快速定位操作。

3. 坐标系建立的原理

(1) 右手定则。右手定则是指以右手拇指为 +X 轴，食指为 +Y 轴，中指为+Z 轴，这样的三条相互垂直且正交的坐标轴就组成了一个空间直角坐标系，坐标系的建立要符合右手定则，如图 2-3-1 所示。

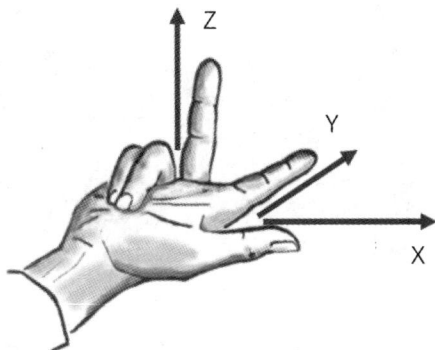

图 2-3-1　右手定则

(2) 建立坐标系的过程。建立坐标系的过程一般认为是限制工件自由度的过程，工件在空间共 6 个自由度，其中 3 个旋转和 3 个平移，通过限制这 6 个自由度就能够确定工件的位置，从而确定一个坐标系。

4. 基础坐标系建立的方法

常规机加工零件通常使用三个平面基准或者一面两孔基准建立基础坐标系，模具行业一般以四面分中的方法来建立基本坐标。

1) 三个平面建立坐标系

以三个平面方式建立基础坐标系如图 2-3-2 所示，图(a)所示为模型默认坐标系，利用三个平面建立图(b)所示的基础坐标系。

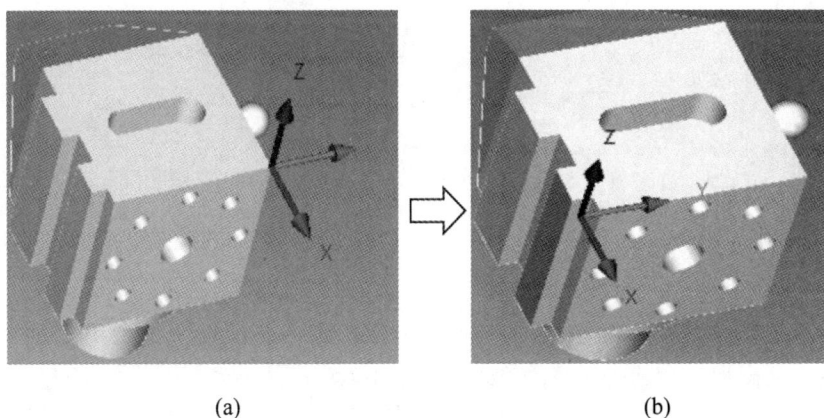

(a)　　　　　　　　　　　　　　　　(b)

图 2-3-2　三个平面建立的坐标系

三个平面建立坐标系的步骤如下：

(1) 定义三个平面分别为平面 1、平面 2 和平面 3，如图 2-3-3 所示。

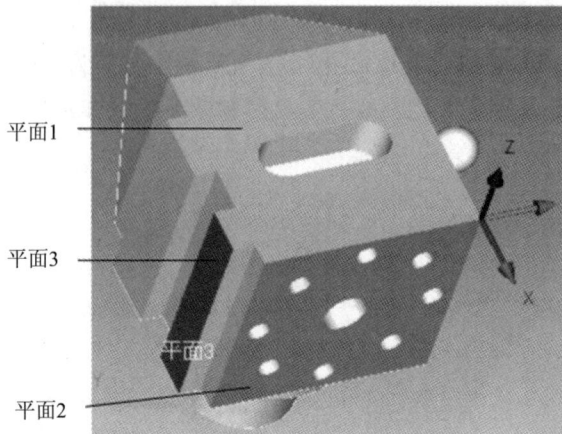

图 2-3-3　定义三个平面元素

(2) 在"测量程序"功能标签下单击"基本/初定位 坐标系 ⚹ "图标,弹出读取建立的或修改的基础坐标系对话框,选择"建立新的基础坐标系",采用默认的"标准方法",单击"确定"按钮,弹出基础坐标系对话框,如图 2-3-4 所示。

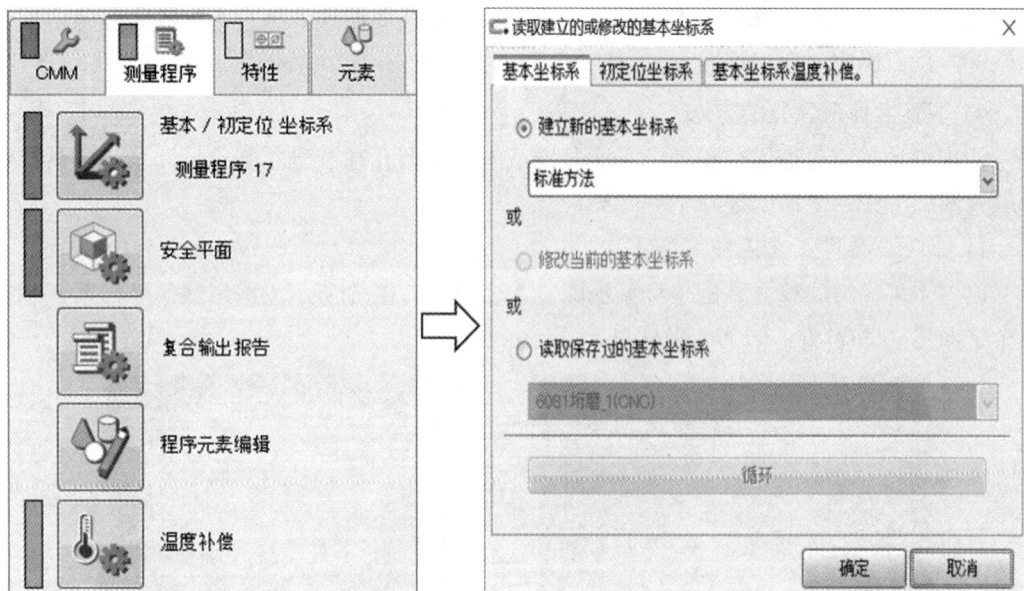

图 2-3-4　进入建立基础坐标系的操作

(3) 在基础坐标系对话框中,在对应的位置依次选择平面 1、平面 2 和平面 3 元素,此时 CAD 窗口会出现一个新坐标系(细线),如图 2-3-5 所示,检查新坐标系方向和位置是否正确,点击"确定"按钮,建立完成的坐标系如图 2-3-6 所示。

其中,平面 1 确定了坐标系的空间旋转(+Z 轴方向)及 Z 轴原点,限制两个旋转自由度和一个平移自由度,平面 2 确定了平面旋转(+X 轴方向)和 X 轴原点,限制了一个旋转自由度和一个平移自由度,平面 3 确定了 Y 轴原点,限制了一个平移自由度。

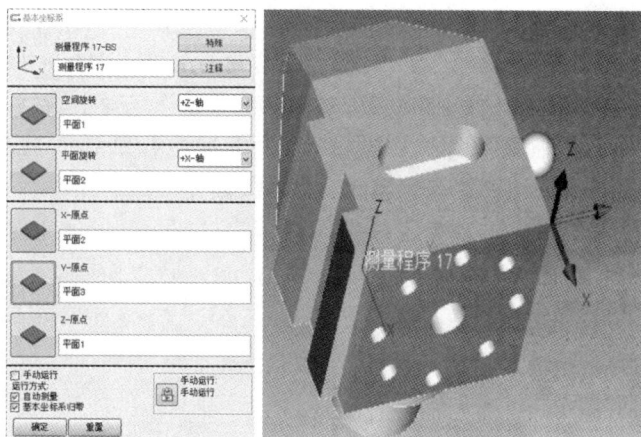

图 2-3-5　建立基础坐标系的操作　　　　图 2-3-6　建立完成的基础坐标系

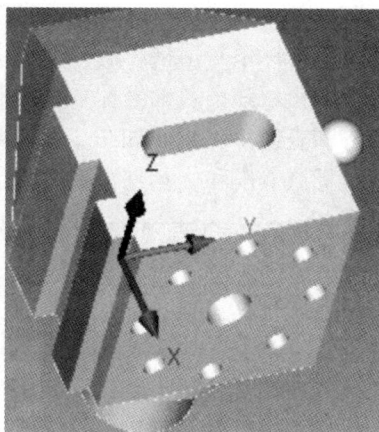

2) 面、线、圆建立基础坐标系

以面、线、圆方式建立基础坐标系如图 2-3-7 所示，图(a)所示为模型默认坐标系，利用面、线、圆方式建立图(b)所示的基础坐标系。

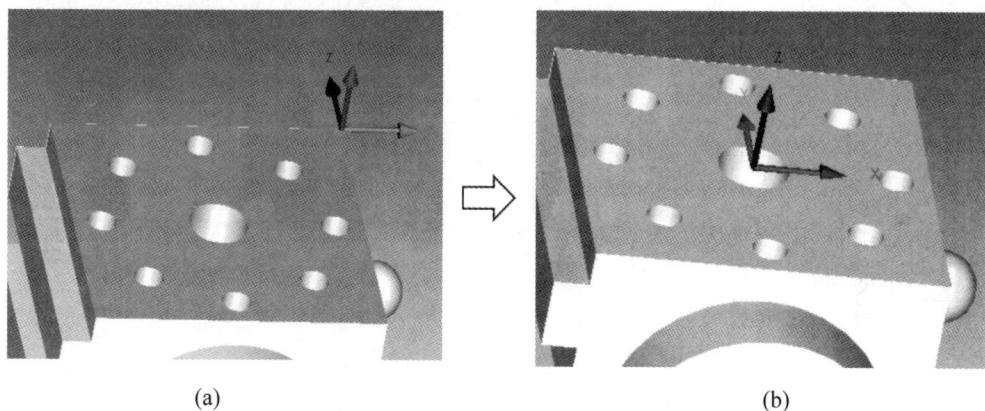

(a)　　　　　　　　　　　　　　　　　　(b)

图 2-3-7　坐标系

面、线、圆建立基础坐标系的步骤如下：

定义三个元素分别为平面 1、圆 1 和直线 1，如图 2-3-8 所示。

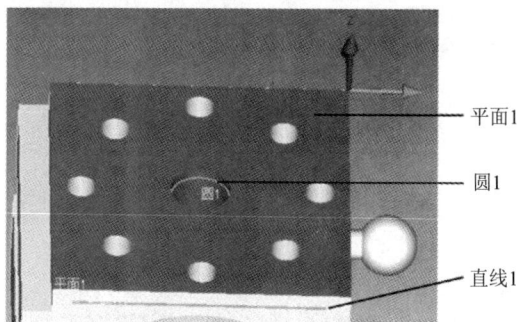

图 2-3-8　定义元素

在测量程序功能标签下单击"基本/初定位 坐标系 ↳"图标，弹出读取建立的或修改的基础坐标系对话框，选择"建立新的基础坐标系"，采用默认的"标准方法"，单击"确定"按钮，弹出基础坐标系对话框。在基础坐标系对话框中对应的位置依次选择平面 1、圆 1 和直线 1 元素，如图 2-3-9 所示，此时 CAD 窗口会出现一个新的坐标系(细线)，检查新坐标系方向和位置是否正确，点击确定按钮，建立完成的坐标系如图 2-3-10 所示。

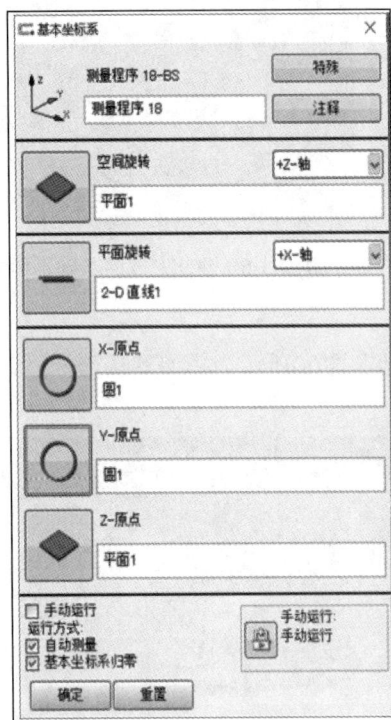

图 2-3-9　建立基础坐标系的操作

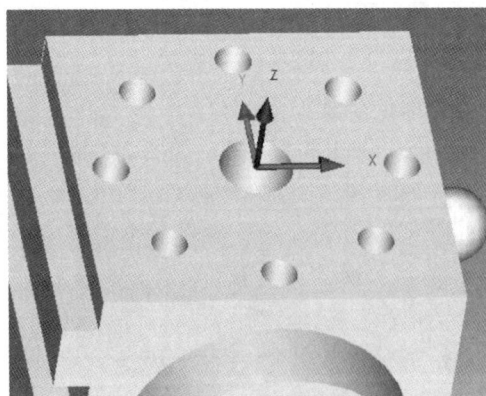

图 2-3-10　建立完成的基础坐标系

其中，平面 1 确定了坐标系的空间旋转(+Z 轴方向)和 Z 方向原点，限制了两个旋转自由度和一个移动自由度，直线 1 确定了坐标系的平面旋转，限制了一个旋转自由度，圆 1 确定了坐标系的 X 和 Y 方向原点，限制了两个移动自由度。

3) 面、圆、圆建立基础坐标系

以面、圆、圆方式建立基础坐标系，如图 2-3-11 所示，图(a)所示为模型默认坐标系，利用面、圆、圆方式建立图(b)所示的基础坐标系。

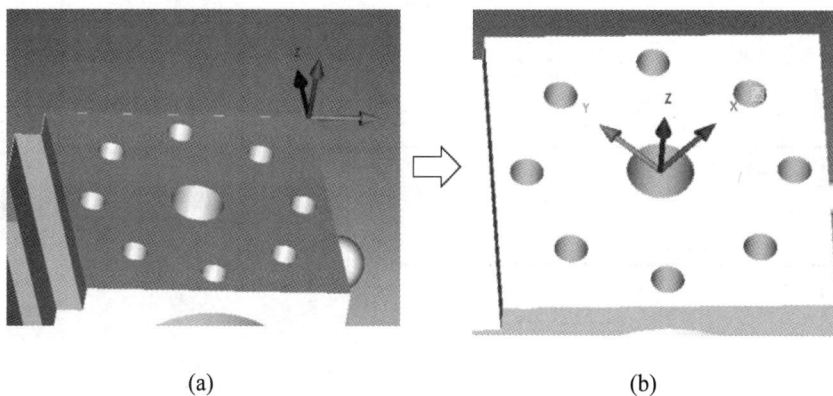

(a)　　　　　　　　　　　　　　(b)

图 2-3-11　坐标系

面、圆、圆建立基础坐标系的步骤如下：

(1) 定义三个元素分别为平面 1、圆 1 和圆 2，如图 2-3-12 所示。

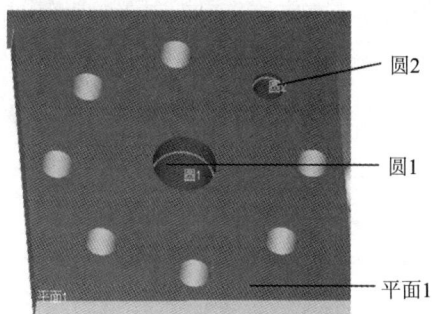

图 2-3-12　定义元素

(2) 在测量程序功能标签下单击"基本/初定位　坐标系 🖊"图标，弹出读取建立的或修改的基础坐标系对话框，选择"建立新的基础坐标系"，采用默认的"标准方法"，单击"确定"按钮，弹出基础坐标系对话框。在基础坐标系对话框中，在对应的位置依次选择平面 1、圆 1 和圆 2 元素，如图 2-3-13 所示，此时 CAD 窗口会出现一个新的坐标系(细线)，检查新坐标系方向和位置是否正确，点击"确定"按钮，建立完成的坐标系如图 2-3-14 所示。

其中，平面 1 确定了坐标系的空间旋转和 Z 方向原点，限制了两个旋转自由度和一个移动自由度，圆 1 确定了 X 和 Y 方向的原点，限制了两个平移自由度，平面旋转可仅选择圆 2，而由软件自动计算由坐标系的原点指向圆 2 的方向确定了坐标系的平面旋转方向，从而限制了另外一个旋转自由度，与使用由圆 1 和圆 2 的圆心构造的空间直线作为平面旋转的方法效果相同。

建立坐标系时，"空间旋转"可以使用的元素包括平面、圆柱、圆柱、3D 线等空间型元素。"平面旋转"可以使用上述空间型元素，也可选择 2D 直线。

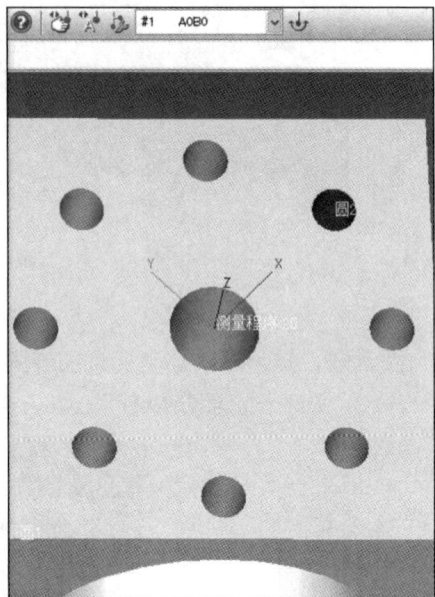

图 2-3-13　建立基础坐标系的操作

图 2-3-14　建立完成的基础坐标系

5. 坐标系平移与旋转

在基础坐标系对话框界面，单击"坐标变换"按钮，弹出坐标变换对话框。坐标系变换有平移、按角度旋转、按距离旋转 3 种方式，可单击对应的图标进行坐标系的变换，如图 2-3-15 所示。

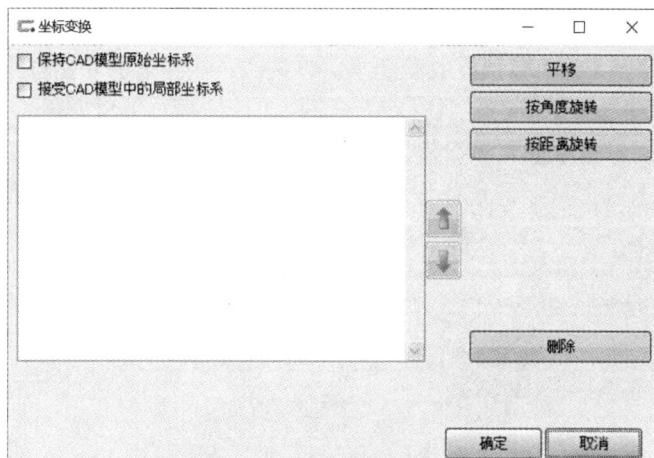

图 2-3-15 坐标变换对话框

6. 执行手动运行

通过执行手动运行基础坐标系，可以实现数模对齐。在基础坐标系界面，点击"🔒手动运行"，按照系统提示，操纵手柄手动采集建立基础坐标系使用的元素，注意，元素采集点的位置应分布合理，点数要大于元素的最少点数。采集完成后，机器能够初步完成工件的定向和定位。

7. 创建安全平面

安全平面是一个由六个面组成的安全区域，围绕在工件及相关的夹具周围，其方向参考了选择的坐标系，此区域的设定可以使测量机在测量时绕着工件移动探针而不发生碰撞，保护探针避免碰撞。在测量程序功能标签下单击"安全平面"图标，弹出安全平面对话框，如图 2-3-16 所示。

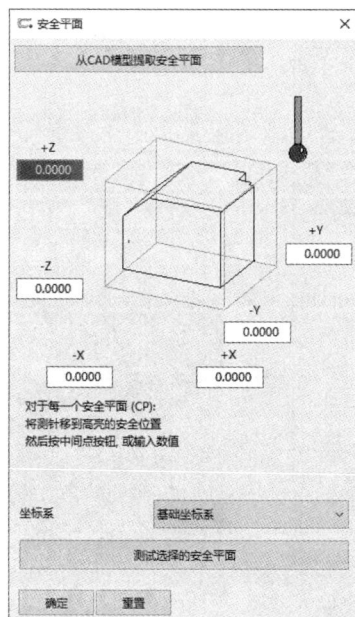

图 2-3-16 安全平面对话框

以下三种方法均可建立安全平面:

(1) 通过单击"从 CAD 模型提取安全平面"按钮, 在弹出的对话框中输入边界距离值设置安全平面, 如图 2-3-17 所示。

(2) 在安全平面对话框输入坐标值来确定安全平面。

(3) 在联机状态时, 可以通过操作面板进行创建, 利用控制面板中右侧手柄上的按钮在工件周围按照 +Z、+X、+Y、−X、−Y、−Z 确定各个方向的坐标值。

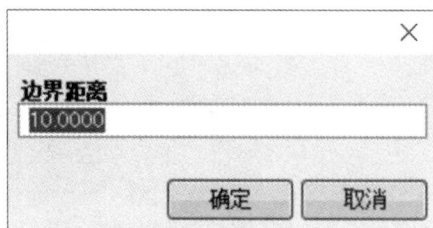

图 2-3-17　输入边界距离设置安全平面

二、任务实施

1. 建立基础坐标系

按照图纸要求建立基础坐标系, 如图 2-3-18 所示。

2. 定义安全平面

定义安全平面, 默认边界距离为 10 mm, 定义完成的安全平面如图 2-3-19 所示。

2-8

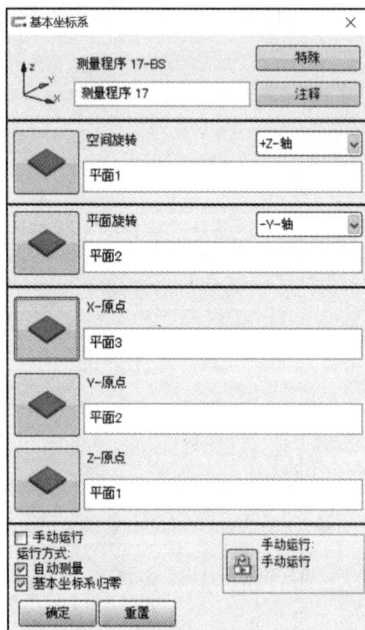

图 2-3-18　建立基础坐标系

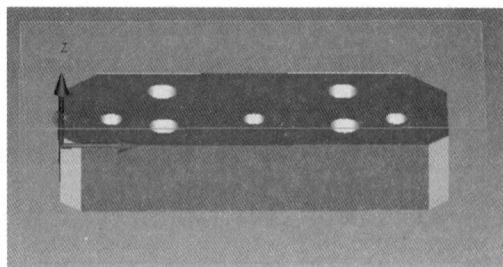

图 2-3-19　安全平面

任务四 定义测量元素

一、任务准备

1. 基本元素最少识别点数

表 2-4-1 罗列了探测元素时，测量软件自动识别各类元素的最少点数。

表 2-4-1 软件识别元素最少点数

序号	元素类型	最少点数
1	点	1
2	线	2
3	平面	3
4	圆	3
5	圆柱	5
6	圆锥	6
7	圆球	4

2. 定义基本元素

在使用球形测针探测工件时，坐标测量机记录测球中心的坐标值，然后按照探测方向补偿球半径，得到接触点的坐标值，如图 2-4-1 所示。在测量时，补偿方向对测量结果影响很大，需要合理选择点模式以保证测量精度。

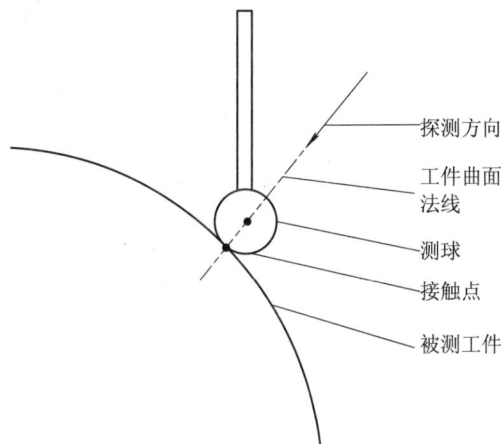

图 2-4-1 测点补偿原理

1) 定义点

在 CAD 功能菜单，展开"定义元素"→"定义点"，如图 2-4-2 所示。在 CAD 模型上单击鼠标左键定义一个点，同时，在弹出的元素对话框显示点的信息，如图 2-4-3 所示。

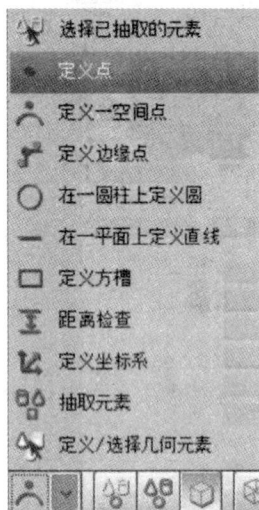

图 2-4-2　定义点操作

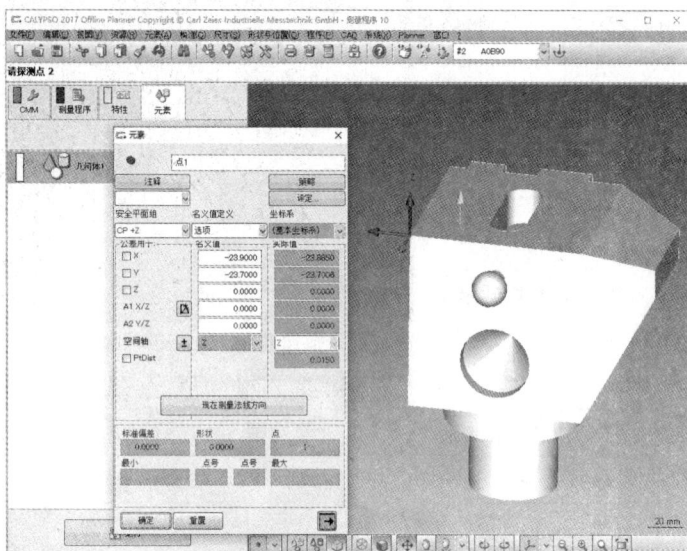

图 2-4-3　定义点

2) 定义一空间点

对于曲面或斜面上的点应使用"定义一空间点"功能，在 CAD 功能菜单，展开"定义元素"→"定义一空间点"，如图 2-4-4 所示，在 CAD 模型上单击鼠标左键定义一个空间点，如图 2-4-5 所示。

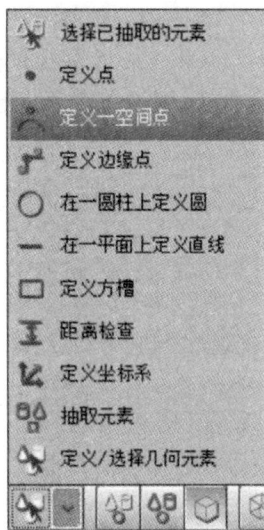

图 2-4-4　定义空间点操作

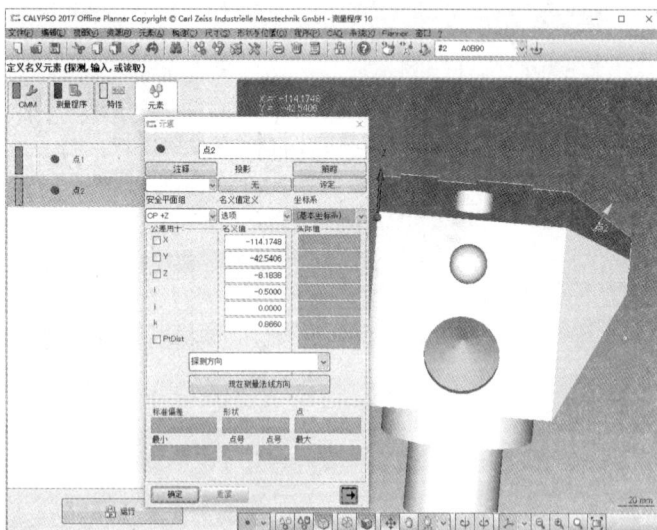

图 2-4-5　定义空间点

3) 定义直线

在 CAD 功能菜单，展开"定义元素"→"在一平面上定义直线"，如图 2-4-6 所示，在 CAD 模型上按住鼠标左键拖动定义一条直线，如图 2-4-7 所示。

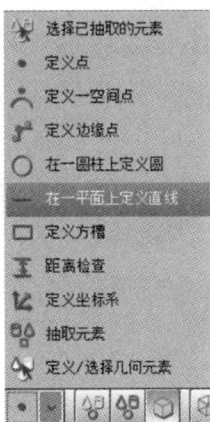

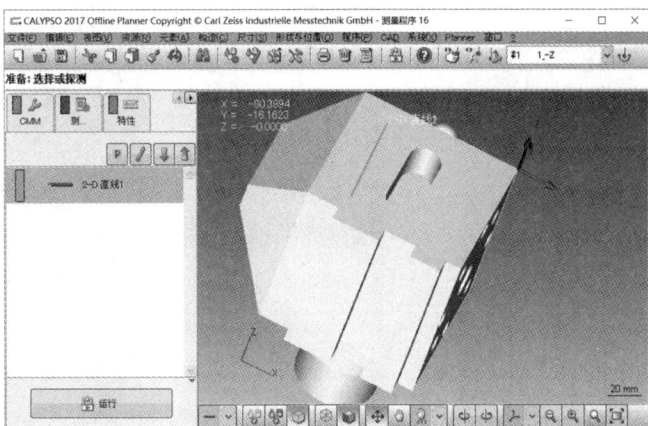

图 2-4-6 定义直线操作　　　　　　　　　　图 2-4-7 定义直线

也可以通过"定义点"功能(至少 2 个点)定义一条直线。图 2-4-8 为直线元素界面功能说明。

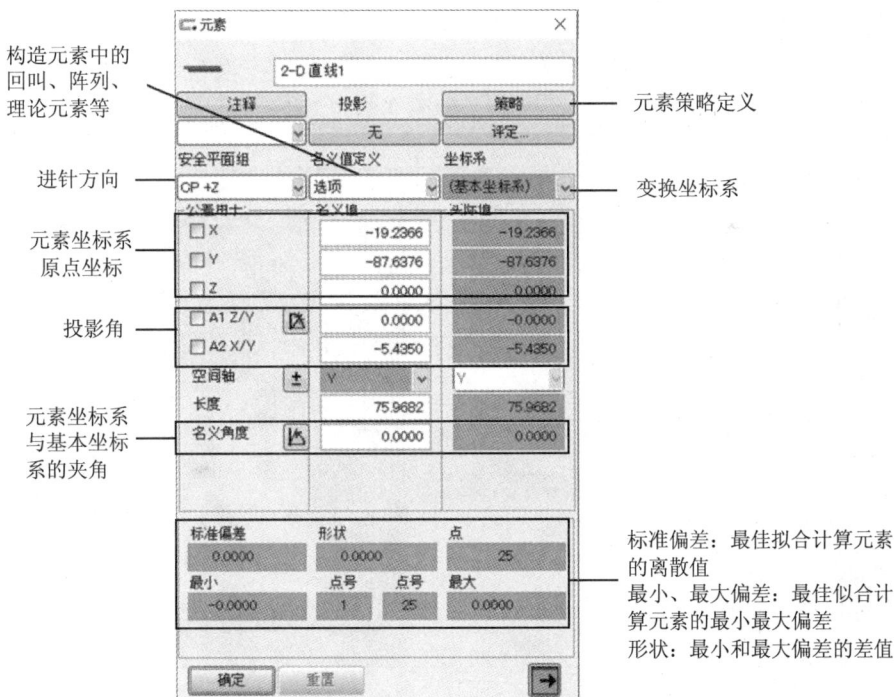

图 2-4-8 直线元素界面功能说明

投影角 A1 角为从 +X 看，直线投影到 YZ 平面内时与 +Y 轴的夹角。

投影角 A2 角为从 +Z 看，直线投影到 XY 平面内时与 +Y 轴的夹角。

4) 定义面

在 CAD 功能菜单，展开"定义元素"→"抽取元素"，如图 2-4-9 所示，在 CAD 模型上点击鼠标左键定义一个平面，如图 2-4-10 所示。用这种方法定义的平面需要再设置策略。

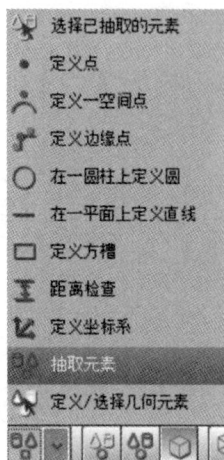

图 2-4-9 抽取元素操作

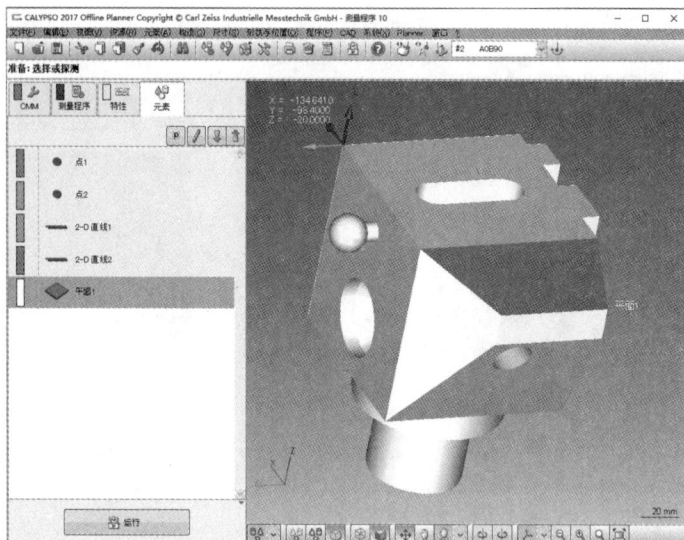

图 2-4-10 定义平面

也可以通过"定义点"功能(至少 3 个点)定义一个平面。

5) 定义圆

在 CAD 功能菜单,展开"定义元素"→"在一圆柱上定义圆",如图 2-4-11 所示,在 CAD 模型圆柱上点击鼠标左键定义一个圆,如图 2-4-12 所示。

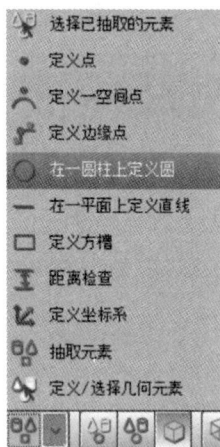

图 2-4-11 定义圆操作

图 2-4-12 定义圆

也可以通过在工件圆柱表面连续定义 3 个点的方式定义一个圆。

6) 定义圆柱

在 CAD 功能菜单,展开"定义元素"→"抽取元素",如图 2-4-13 所示,在 CAD 模型圆柱上点击鼠标左键定义一个圆柱,如图 2-4-14 所示。

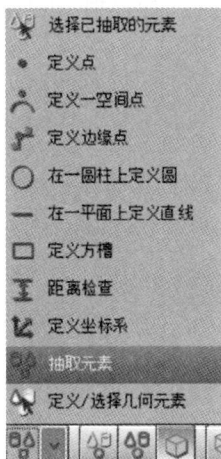

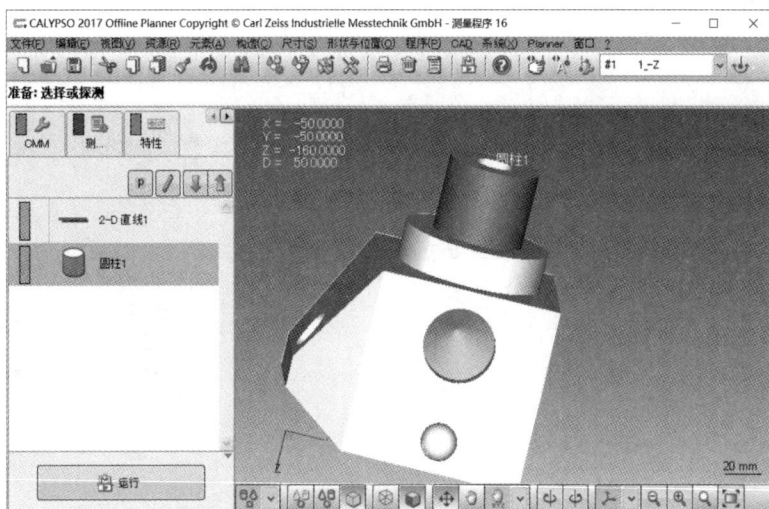

图 2-4-13 抽取元素操作   图 2-4-14 定义圆柱

也可以通过"定义点"功能(至少 5 个点)定义一个圆柱。

7) 定义圆锥

在 CAD 功能菜单，展开"定义元素"→"抽取元素"，如图 2-4-15 所示，在 CAD 模型圆锥面上点击鼠标左键定义一个圆锥，如图 2-4-16 所示。

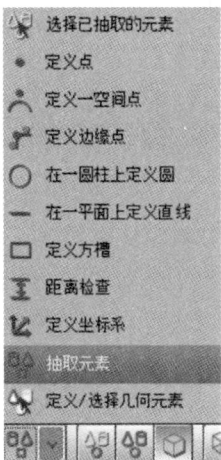

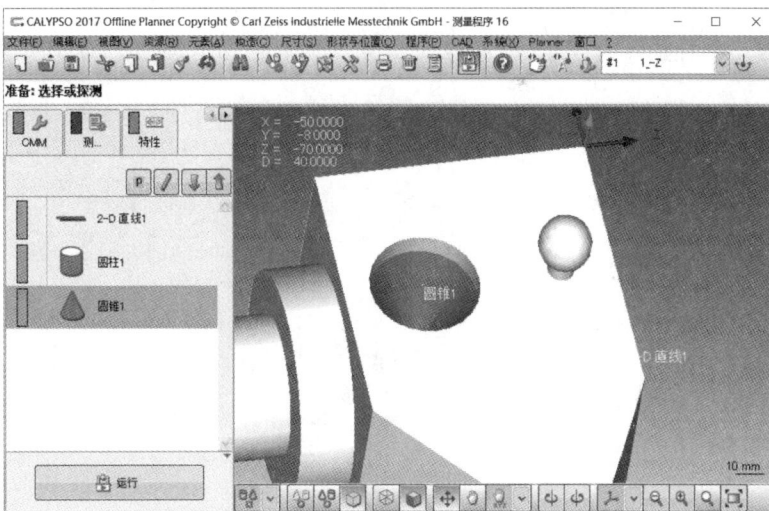

图 2-4-15 抽取元素操作   图 2-4-16 定义圆锥

也可以通过"定义点"功能(至少 6 个点)定义一个圆锥。

8) 定义球

在 CAD 功能菜单，展开"定义元素"→"抽取元素"，如图 2-4-17 所示，在 CAD 模型球面上点击鼠标左键定义一个球，如图 2-4-18 所示。用这种方法定义的球需要再设置策略。

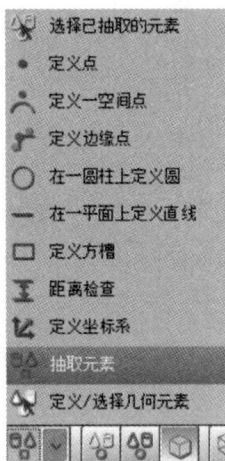

图 2-4-17　抽取元素操作　　　　　　　　图 2-4-18　定义球

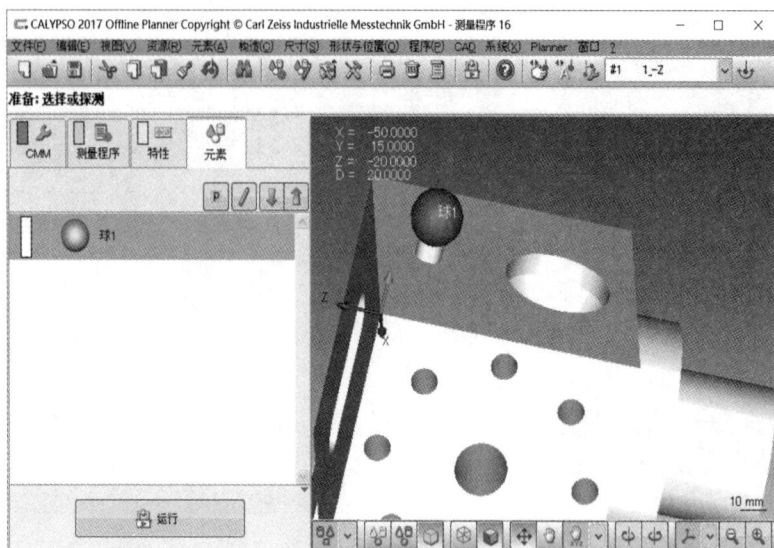

也可以通过"定义点"功能(至少 4 个点)定义一个球。

二、任务实施

2-9

在建立坐标系时，已经定义了平面 1、平面 2 和平面 3。使用"抽取元素"功能按照图 2-1-7 测量元素编号定义剩余所有元素，如图 2-4-19 所示。

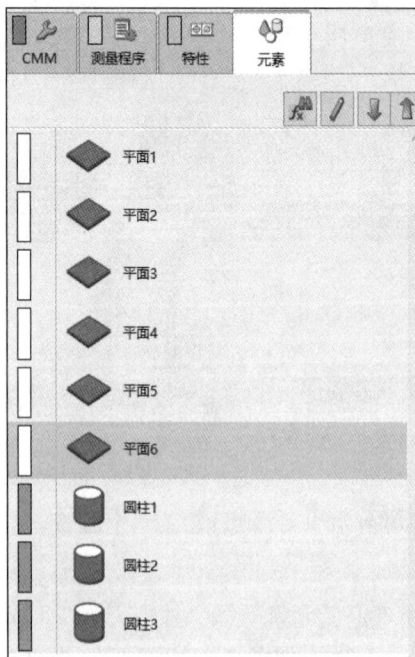

图 2-4-19　定义元素

任务五　定义元素测量策略

一、任务准备

1. 元素测量策略

测量机在坐标测量时是通过对被测轮廓面的离散化、数字化开展的，即首先提取工件轮廓面上若干离散点，并通过坐标测量获取测点的坐标值，然后进行数据处理来计算与评定尺寸误差、几何误差。但由于工件被测几何特征存在形状、位置和方向上的几何误差，表面波纹度、粗糙度、表面缺陷等表面结构误差，加上测量过程误差、测量系统误差以及后续数学计算误差等方面问题，因此仅采集理论上的数学拟合所需最少提取测点数是远远不够的。

从理论上讲，针对几何轮廓特征的提取测点数量越多越好。但受限于实际测量条件、测量系统功能、测量时间及经济性等诸多因素，很难对所有的被测轮廓特征作全面测量，实际上也无此必要。因此需要权衡，对各种形状几何轮廓特征测点数及其分布做综合考虑。一般考虑合适测点数量和测点分布的主要因素包括被测要素的大小、精度要求、特性类型和测量系统的精度等。表 2-5-1 罗列了一些常用的测点分布方法。

表 2-5-1　测点分布方法

序号	元素类型	最少点数
1	分层法	
2	特定栅格	
3	栅格法	
4	螺旋法	
5	布点法	

1) 平面测量策略

在平面的元素界面,单击"策略"按钮,弹出平面的策略对话框,各选项含义如图 2-5-1 所示。

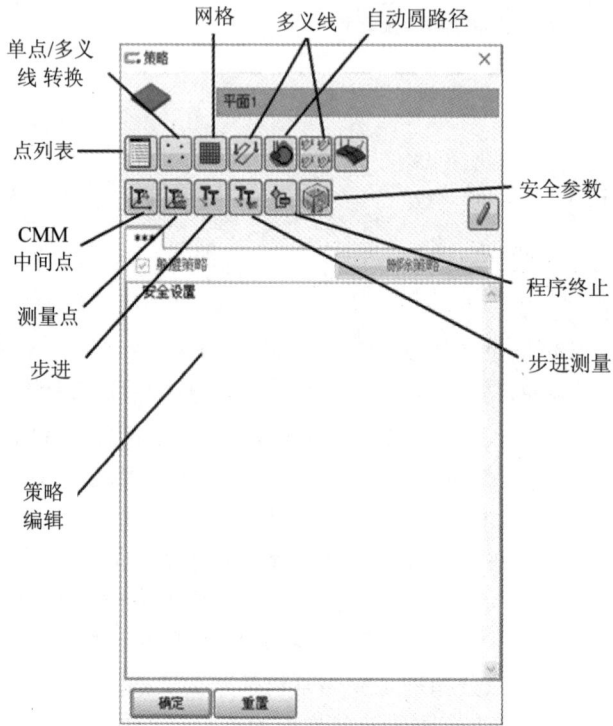

图 2-5-1　平面策略各选项释义

以多义线为例,在平面的策略界面,单击"多义线"按钮,在策略编辑区域新增"多义线"选项,如图 2-5-2 所示。在策略编辑区域双击"多义线"选项,然后点击"模型上

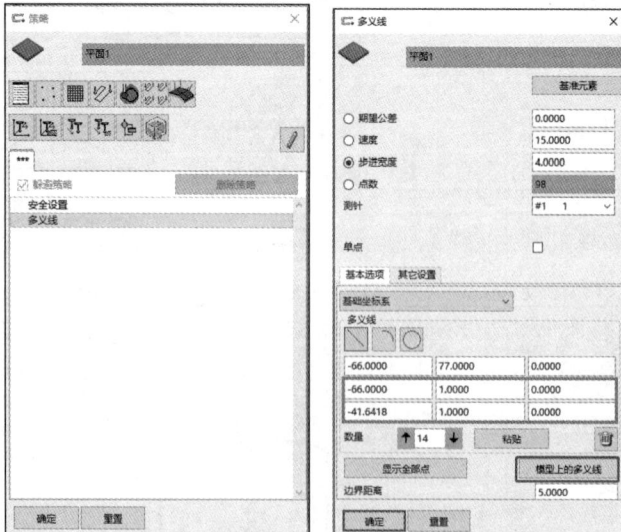

图 2-5-2　新增多义线

的多义线"从而生成多义线路径，如图 2-5-3 所示。根据需求对多义线的各项参数进行修改和设置，如图 2-5-4 所示。

图 2-5-3　多义线

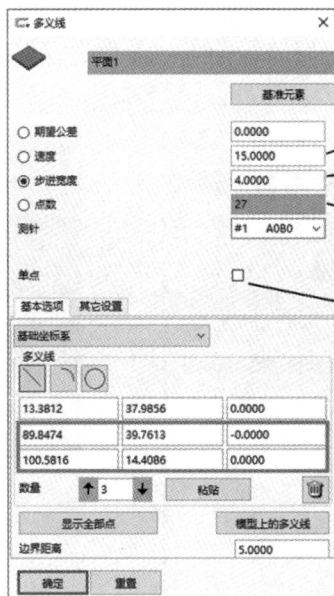

图 2-5-4　多义线界面各选项释义

2) 圆的测量策略

在圆的元素界面，单击"策略"按钮，弹出圆的策略对话框，圆策略对话框各选项含义如图 2-5-5 所示。

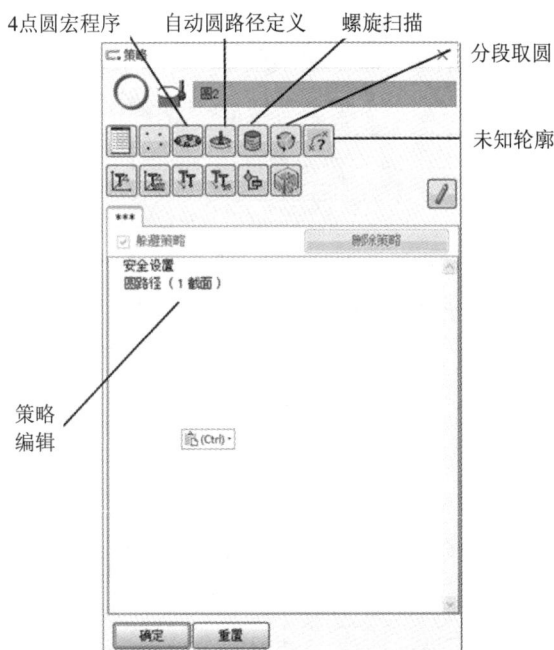

图 2-5-5　圆策略各选项释义

以自动圆路径定义为例，在圆的策略界面，系统默认自动圆路径定义方式测量圆，在策略编辑区域默认存在一个圆路径(1 截面)选项，如图 2-5-6 所示，同时，在模型对应的圆柱上显示默认的圆路径，如图 2-5-7 所示。在策略编辑区域双击圆路径(1 截面)选项，打开圆路径对话框，可以对圆路径的各项参数进行修改和设置。圆路径界面各选项释义如图 2-5-8 所示。

图 2-5-6　圆路径(1 截面)选项

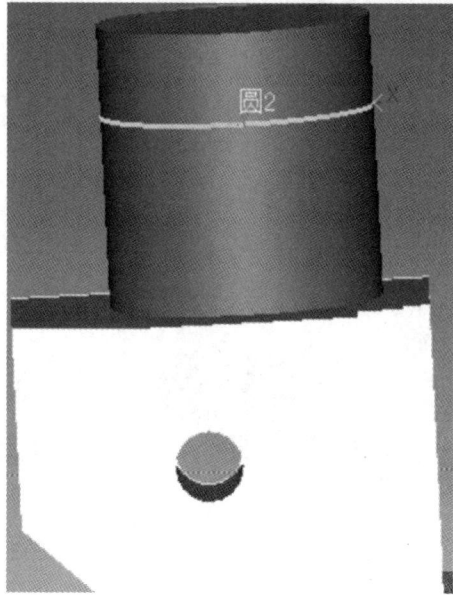

图 2-5-7　圆路径

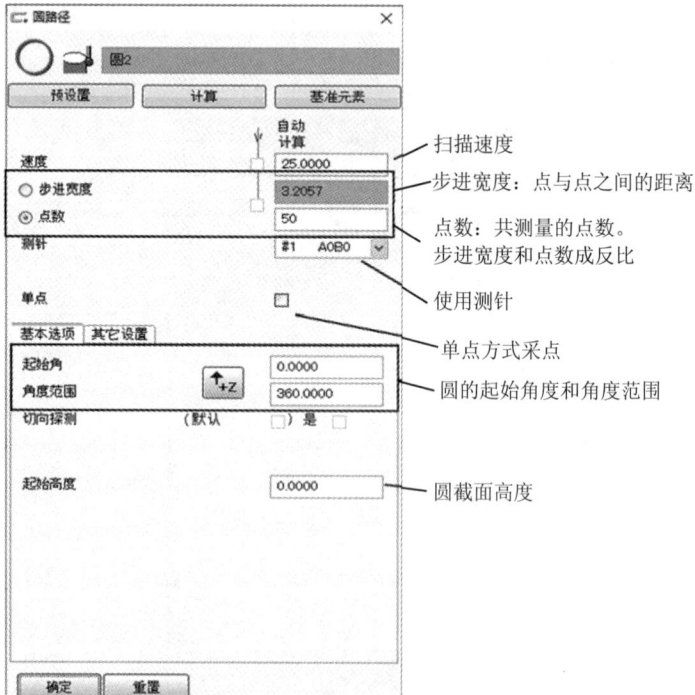

图 2-5-8　圆路径界面各选项释义

3) 圆柱的测量策略

在圆柱的元素界面，单击"策略"按钮，弹出圆柱的策略对话框，各选项含义如图 2-5-9 所示。

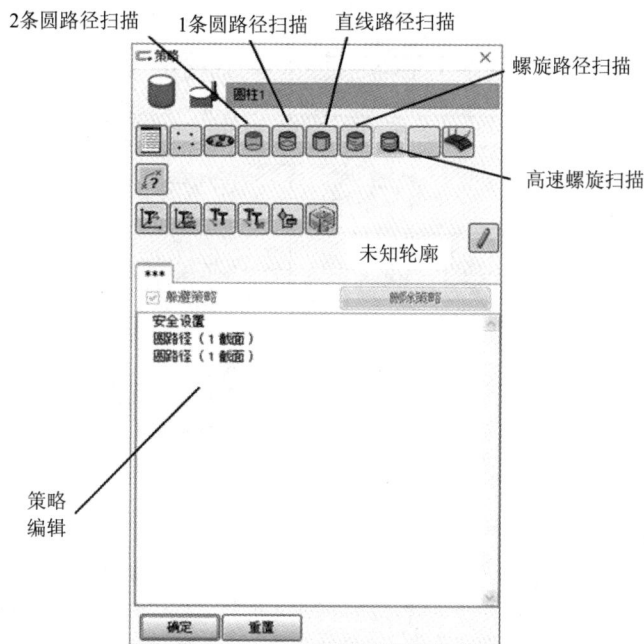

图 2-5-9　圆柱策略各选项释义

以 2 条圆路径扫描为例，在圆柱的策略界面，系统默认 2 条圆路径扫描方式测量圆，在策略编辑区域默认存在两个圆路径(1 截面)选项，如图 2-5-10 所示，同时，在模型对应的圆柱上显示默认的圆柱策略路径，如图 2-5-11 所示。在策略编辑区域双击其中一个圆路径(1 截面)选项，打开圆路径对话框，可以对圆路径的各项参数进行修改和设置。圆路径界面各选项释义如图 2-5-12 所示。

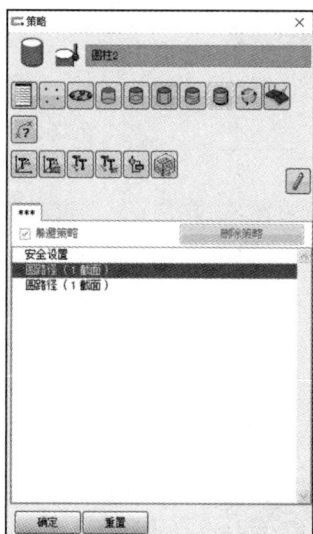

图 2-5-10　圆柱策略默认测量方式

图 2-5-11　圆柱路径

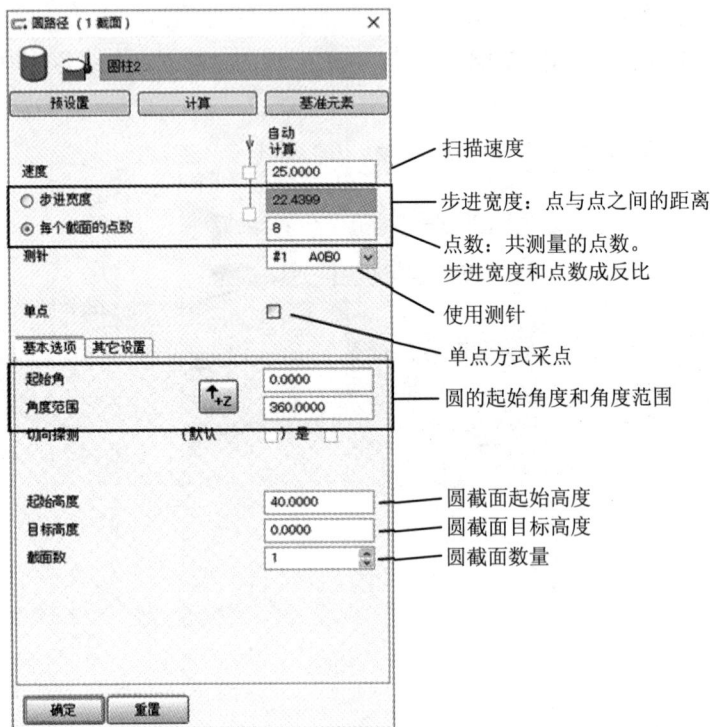

图 2-5-12　圆路径界面各选项释义

2. 评定设置

以圆为例，在圆的元素界面，单击"评定"按钮，弹出圆的评定对话框，在"评定方法预分配"可对评定方法进行设置，在"滤波/粗差"设置滤波和粗差，如图 2-5-13 所示。

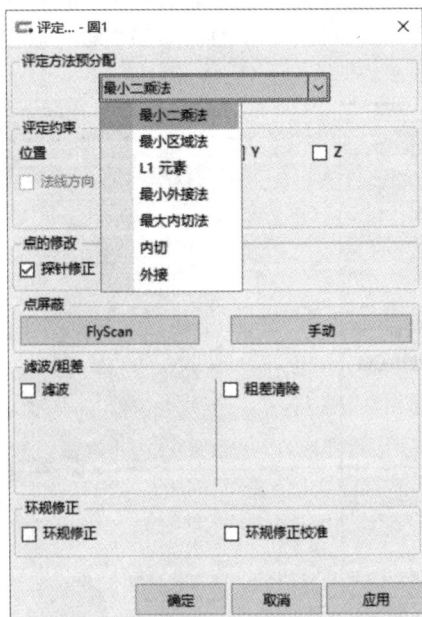

图 2-5-13　评定对话框

(1) 常用评定(拟合)方法。常用的几何元素的评定(拟合)方法包括最小二乘法、最小区域法、最小外接法和最大内切法,各方法的详细内容如表 2-5-2 所示。

表 2-5-2 常用的几何元素评定(拟合)方法

评定(拟合)方法	图示(以圆为例)	描 述
最小二乘法	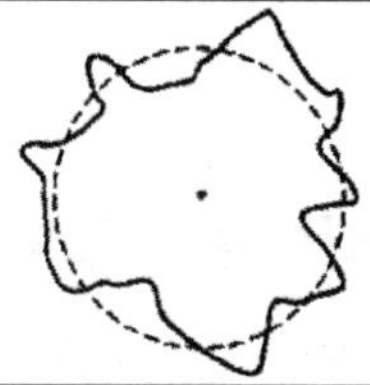	该算法也被称为高斯法,即离散点与拟合结果之间误差的平方和最小,该方法是目前坐标测量中最常用的一种拟合方法
最小区域法	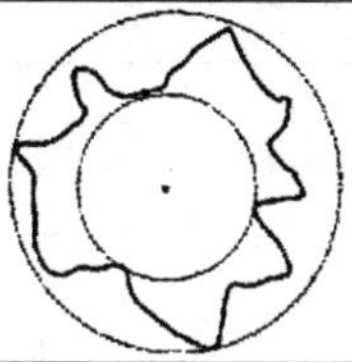	该算法也被称为切比雪夫算法。在坐标测量技术中,即在包容离散点时,使与拟合结果相关的误差包容区域为最小。对于形状误差评定,没有特殊说明应采用最小区域法
最小外接法		以圆为例,即所有点都在圆内或圆上形成的最小的圆,如图所示。该算法主要用于外部要素(例如轴)的配合尺寸,外部要素做基准时的拟合方法
最大内切法	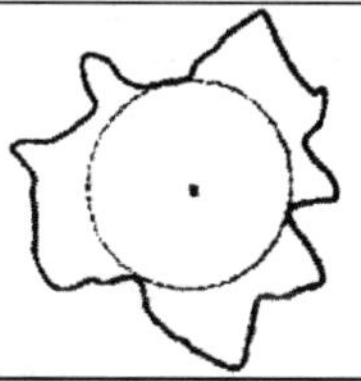	以圆为例,即所有点都在圆外或圆上形成的最大的圆。该算法主要用于内部要素(例如孔)的配合尺寸,内部要素做基准时的拟合方法

基本元素可使用的评定(拟合)方法如表 2-5-3 所示。

表 2-5-3 基本元素可使用的评定(拟合)方法

拟合方法	拟 合 元 素						
	点	直线	圆	平面	圆柱	圆锥	球
最小二乘法	/	√	√	√	√	√	√
最小区域法	/	√	√	√	√	√	√
最大内切法	/	√	√	/	√	√	√
最小外接法	/	/	√	/	√	√	√

(2) 滤波和粗差清除。关于滤波,坐标测量中常用低通滤波的方式,主要目的是保留形状误差,减少波纹度和粗糙度对结果的影响,对于圆或圆柱等元素滤波参数默认"50 UPR",对应测量点数至少需要 350 点,具体推荐设置参考本节"拓展知识"。粗差清除的目的是减小异常值对结果的影响。

3. 常用测量策略的制订

关于测量策略的制订，可以参考"Carl Zeiss Global Application Knowledge Group"的研究结论，这些通用测量技巧提供了参考的方案。当然，如果对零件的工艺、功能或者装配方面有足够的了解，当零件有特殊功能需求和生产工艺时，也可以对这些策略进行适当地修改和调整。

1) 孔策略测量

(1) 定义孔元素。与孔相关的元素是圆或圆柱，如何选择取决于孔深与孔径的关系、孔的用途等因素，详见表 2-5-4。

表 2-5-4 定 义 孔 元 素

孔深	用于定位的孔	用于 2D 定位的孔	几何轮廓度	直径(功能性)	直径(过程控制)
<1×直径	1 个圆	1 个圆	1 个圆(垂直于孔的轴线进行测量)	1 个圆	1 个圆
1～3×直径	3 个圆路径组成的圆柱	1 个圆	3 个圆(垂直于孔的轴线进行测量)	3 个圆路径组成的圆柱	2 个圆路径组成的圆柱
>3×直径	5 个圆路径组成的圆柱	1 个圆	5 个圆(垂直于孔的轴线进行测量)	5 个圆路径组成的圆柱	2 个圆路径组成的圆柱

(2) 孔的扫描设置。以被动扫描头为例，扫描的速度、点数、测针球的直径策略设置详见表 2-5-5。

表 2-5-5 孔的扫描设置

孔直径 /mm	最大速度 /(mm/s) -几何轮廓度	最大速度/(mm/s) -定位的孔或直径 (功能性)	最大速度/(mm/s)-2D 定位的孔或直径 (过程控制)	每个圆，角度分段的探测点个数	触发式传感器测针球直径 /mm
<8	2	2	5	400°范围至少 145 个	≤3
8～25	3	5	5	380°范围至少 425 个	≤3
26～80	3	5	10	380°范围至少 1270 个	≤3
81～250	5	10	20	380°范围至少 4250 个	5
>250	10	15	25	380°范围至少 12 700 个	>5

(3) 孔的定义标准设置。拟合方式默认最小二乘圆或圆柱，推荐的孔滤波截止波长见表 2-5-6。

表 2-5-6 孔 截 止 波 长

孔直径/mm	截止波长
<8	15 UPR 高斯滤波
8~25	50 UPR 高斯滤波
26~80	150 UPR 高斯滤波
81~250	500 UPR 高斯滤波
>250	1500 UPR 高斯滤波

2) 平面策略测量

(1) 根据平面大小设置参数。探测模式为扫描，拟合方式默认高斯平面，根据平面大小推荐的参数设置见表 2-5-7。

表 2-5-7 根据平面大小推荐的参数设置

平面大小(长度)	参数设置	波长 Lc
<15 mm	测针球直径：3 mm 扫描速度(被动扫描头)：最大 3 mm 步距 0.1 mm	0.25 mm，高斯滤波
26~80 mm	测针球直径：3 mm 扫描速度(被动扫描头)：最大 5 mm 步距 0.1 mm	0.8 mm，高斯滤波
81~250 mm	测针球直径：3 mm 扫描速度(被动扫描头)：最大 10 mm 步距 0.31 mm	2.5 mm，高斯滤波
>250 mm	测针球直径：5 mm 扫描速度(被动扫描头)：最大 20 mm 步距 1 mm	8.0 mm，高斯滤波

(2) 根据粗糙度设置参数。探测模式为扫描，拟合方式默认高斯平面，根据粗糙度推荐的参数设置见表 2-5-8。

表 2-5-8 根据粗糙度推荐的参数设置

粗糙度	参数设置	波长 Lc
Ra≤0.025 μm 或 Rz≤0.1 μm	测针球直径：1 mm 扫描速度(被动扫描头)：最大 3 mm 步距：0.031 mm	0.25 mm，高斯滤波
0.025<Ra≤0.4 μm 或 0.1 μm<Rz≤1.6 μm	测针球直径：3 mm 扫描速度(被动扫描头)：最大 5 mm 步距：0.1 mm	0.8 mm，高斯滤波
0.4<Ra≤3.2 μm 或 1.6 μm<Rz≤12.5 μm	测针球直径：3 mm 扫描速度(被动扫描头)：最大 10 mm 步距：0.31 mm	2.5 mm，高斯滤波
Ra>3.2 μm 或 Rz>12.5 μm	测针球直径：5 mm 或更大 扫描速度(被动扫描头)：最大 20 mm 步距：1 mm	8.0 mm，高斯滤波

二、任务实施

测量策略制订如表 2-5-9 所示。

表 2-5-9　测量策略制订

元素命名	测 量 策 略	图 示
平面 1~平面 6	该工件各平面为精铣加工，且图纸未标注形位误差测量要求，策略采用单点测量(每个平面均布采集 4 个点)。注意，平面 3 为装夹面，选取的测量点要避开装夹位置	 以平面 1 为例
圆柱 1~圆柱 3	采用 2 个截面圆路径扫描，每个截面点数为 300。注意，应检查下截面圆路径的起始高度，测针球半径为 1.5 mm，应确保下截面圆路径的目标高度＞1.5 mm，可设置为 2mm，避免碰针。评定方法为默认的最小二乘法，并勾选滤波和粗差清除选项，滤波参数为"15 UPR"	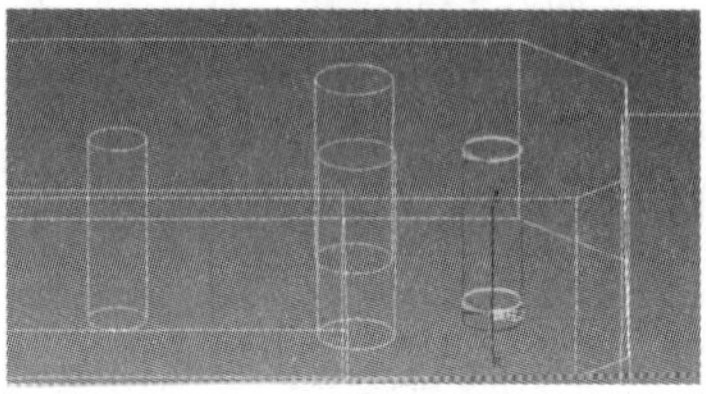 以圆柱 3 为例

任务六　定义特性和报告

2-10

一、任务准备

1. 线性尺寸特性

1) 直径和半径特性

(1) 直径特征。对于圆柱、圆等元素，可以在其元素界面勾选"D"，并在该界面右侧对应区域输入公差值和标识符，如图 2-6-1 所示，单击"确定"按钮，完成直径特性的定义。此时，在特性界面将会新增一项"直径"特性，如图 2-6-2 所示。双击该特性，进入直径特性编辑界面，可以查看和修改特性信息，如图 2-6-3 所示。

(2) 半径特性。通过在菜单工具栏选择"尺寸"→"基本"→"半径"的方式，在特性界面将会新增一项"半径"特性。在半径特性编辑界面，进行相关的选择和设置即可完成"半径"特性的定义。

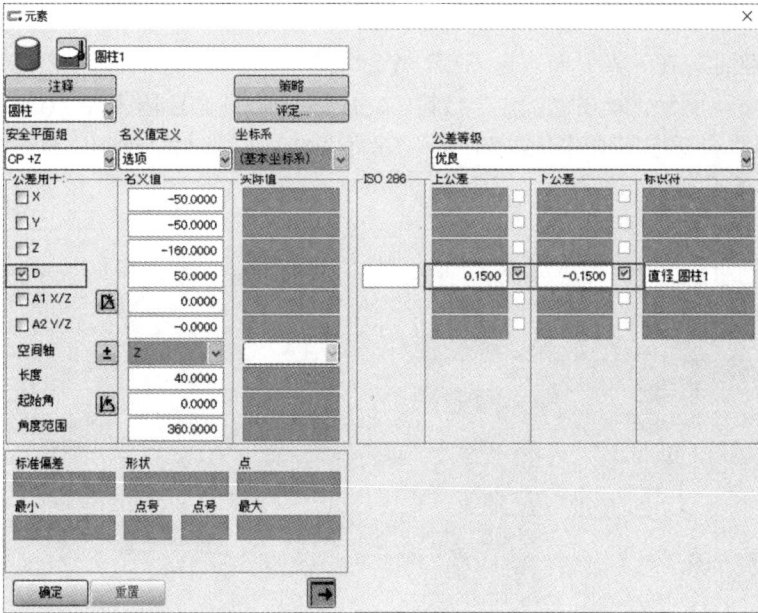

图 2-6-1 勾选 "D" 输出直径

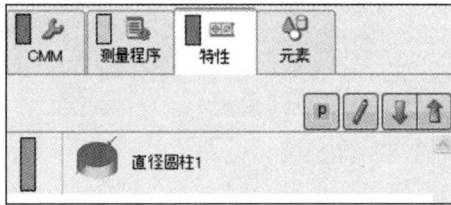

图 2-6-2 新增直径特性

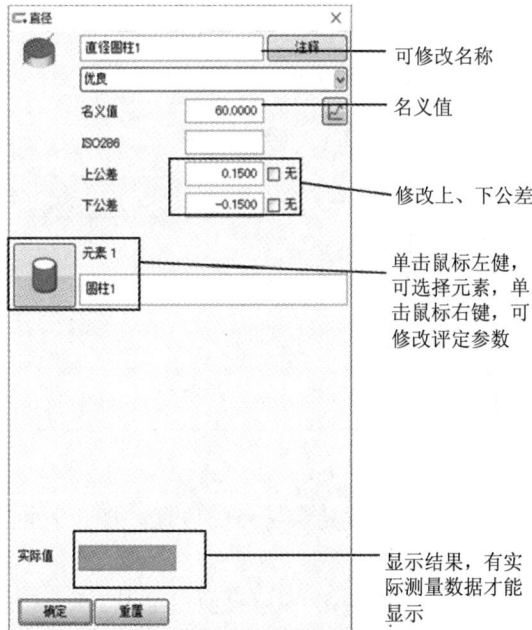

图 2-6-3 直径特性编辑界面

2) 距离特性

(1) 输出坐标。在元素界面勾选"X""Y""Z",并在该界面右侧区域修改公差值和标识符,如图 2-6-4 所示,单击"确定"按钮,完成该元素(圆心)到坐标零点的距离评价。此时在特性界面将会新增三项对应的"X 值""Y 值""Z 值"特性,如图 2-6-5 所示,双击该特性,可以查看和修改特性信息。

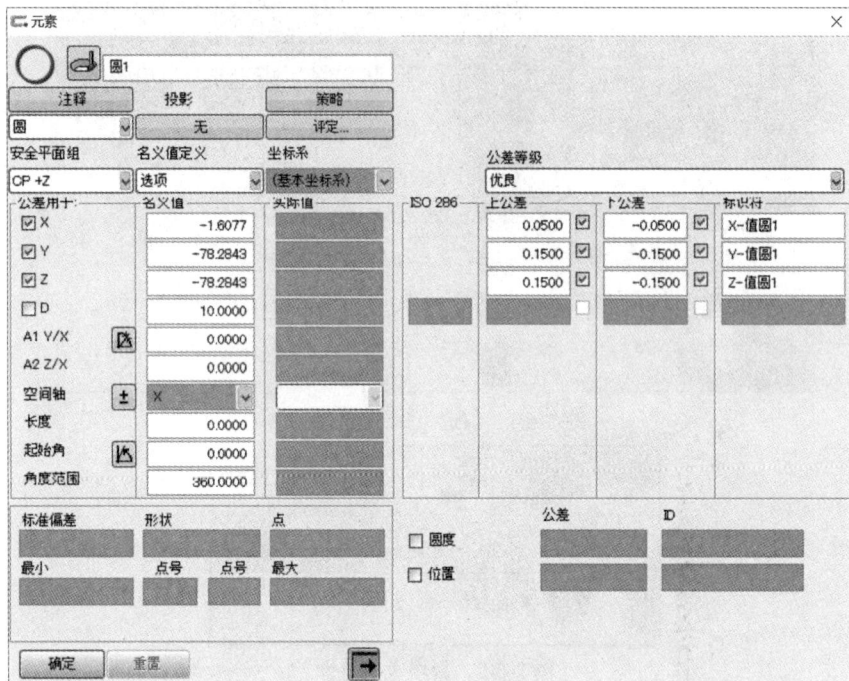

图 2-6-4　输出坐标值

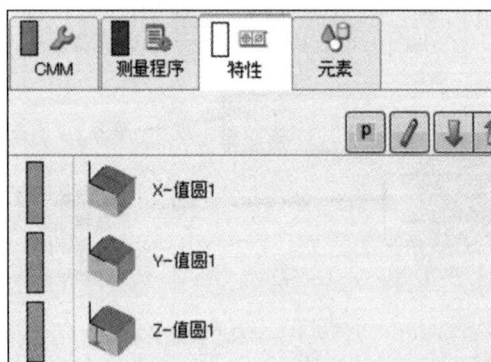

图 2-6-5　坐标值特性

注意:对于平面元素,需要自行设定参考点的位置。打开平面的特性对话框,右键单击"平面元素"图标,进入评定界面,在"参考点"选项卡下,可以设置参考点在平面上的位置,如图 2-6-6 所示。同时,在 CAD 窗口模型上可用"X"指示所选参考点的位置,如图 2-6-7 所示。

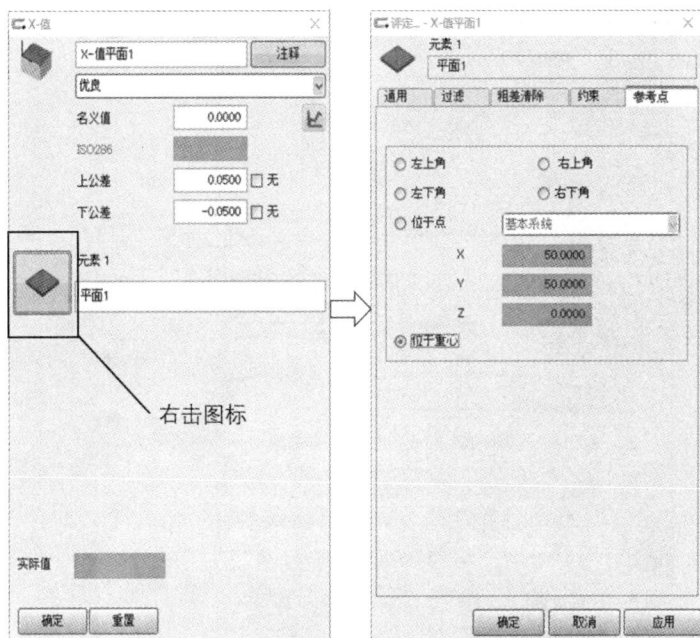

图 2-6-6 设定平面参考点位置

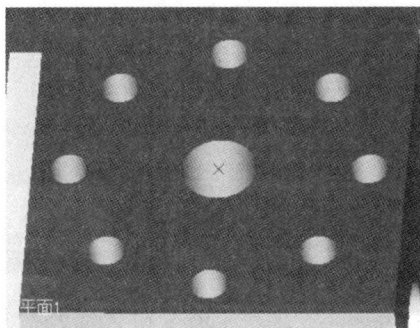

图 2-6-7 CAD 模型显示参考点位置

(2) 卡尺测量距离。如图 2-6-8 所示，想要评价圆 3 和圆 4 在 Y 轴方向和 Z 轴方向的距离，可使用卡尺测量距离功能。在菜单栏选择"尺寸"→"距离"→"卡尺测量距离"，特性界面弹出测量距离图标，双击打开，在界面指定位置分别选择"圆 3"和"圆 4"，并选择"中心"，如图 2-6-9 所示，勾选"Y"和"Z"选项，完成相应结果的评价。

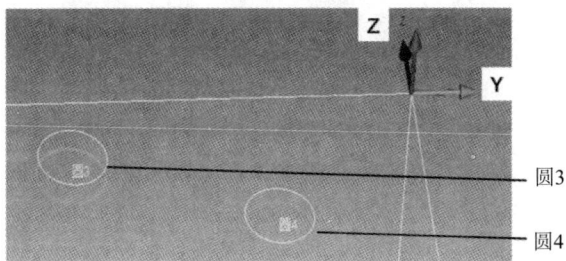

图 2-6-8 距离测量示例

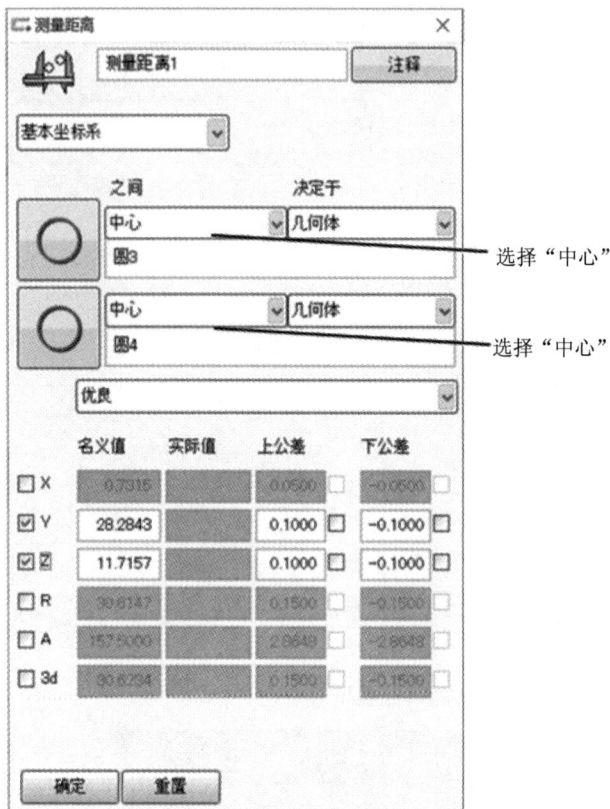

图 2-6-9　测量距离界面

2. 角度尺寸特性

(1) 角度单位换算。图纸中角度的表达有度(°)、分(′)、秒(″)，换算关系如下：

$$1° = 60′ = 3600″$$

(2) 元素夹角。如图 2-6-10 所示，评价平面 1 和平面 2 之间的夹角可采用"元素夹角"功能实现。在菜单栏选择"形状与位置"→"元素夹角"，特性界面弹出元素夹角图标，双击打开，如图 2-6-11 所示，在界面指定位置选择"平面 1"和"平面 2"元素，"选择结果"处选择需要输出的角度范围，完成元素夹角的评价。

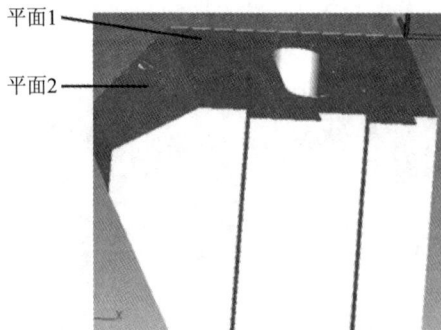

图 2-6-10　角度示例

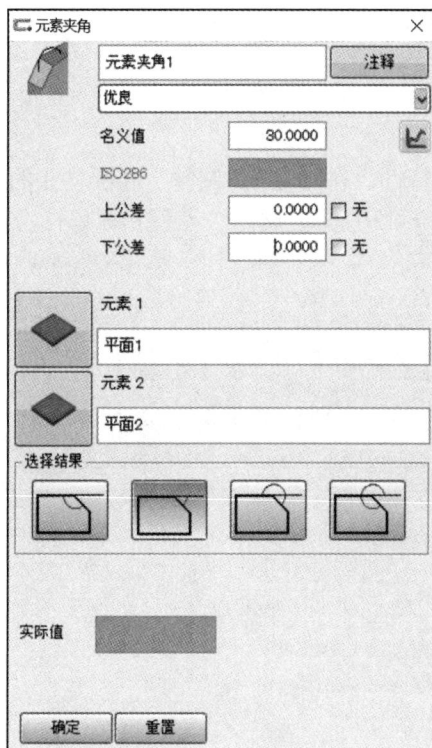

图 2-6-11　元素夹角

3. 报告设置

报告输出格式分两类：PiWeb Reporting 报告和自定义报告。在 CALYPSO 中，PiWeb Reporting 的功能已集成到系统结构中，是软件默认的输出报告格式。使用 Reporting 功能输出时 PiWeb Monitor 会自动打开，显示测量结果，如图 2-6-12 所示，没有特殊情况无须进行相应设置。

图 2-6-12　报告

二、任务实施

1. 定义特性

(1) 定义 "$3 \times \phi6_0^{+0.05}$" 特性。在圆柱 1、圆柱 2 和圆柱 3 的对应的
元素界面勾选 "D"，如图 2-6-13 所示，输入公差值和标识符，完成特性定义。

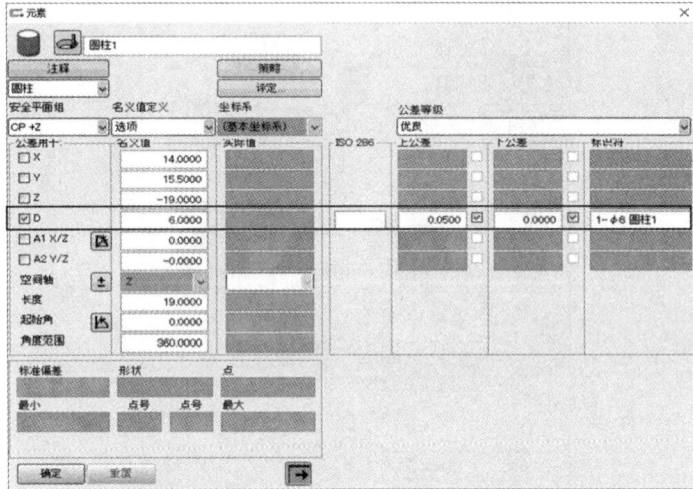

2-11

图 2-6-13　定义直径

(2) 定义 "42 ± 0.05" 特性。使用卡尺测量距离功能，平面 2 与平面 4 距离设置如图
2-6-14 所示。

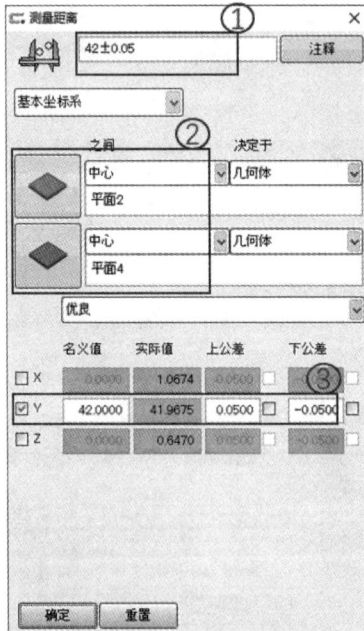

图 2-6-14　测量距离(1)

(3) 定义"14±0.05"特性。使用卡尺测量距离功能，平面 3 与圆柱 1 单方向距离设置如图 2-6-15 所示。也可以使用圆柱到平面的垂线段实现此功能。

图 2-6-15　测量距离(2)

(4) 定义"38.5±0.02"特性。使用卡尺测量距离功能，圆柱 1 与圆柱 2 单方向距离设置如图 2-6-16 所示。

图 2-6-16　测量距离(3)

(5) 定义"77±0.02"特性。使用卡尺测量距离功能，圆柱 1 与圆柱 3 单方向距离设置如图 2-6-17 所示。

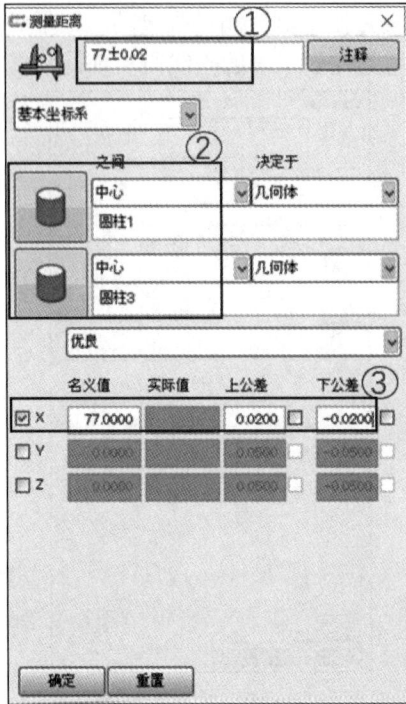

图 2-6-17　测量距离(4)

(6) 定义"2×135°±2′"特性。使用元素夹角功能，输出平面 4 与平面 5、平面 4 与平面 6 的夹角，设置如图 2-6-18 所示。

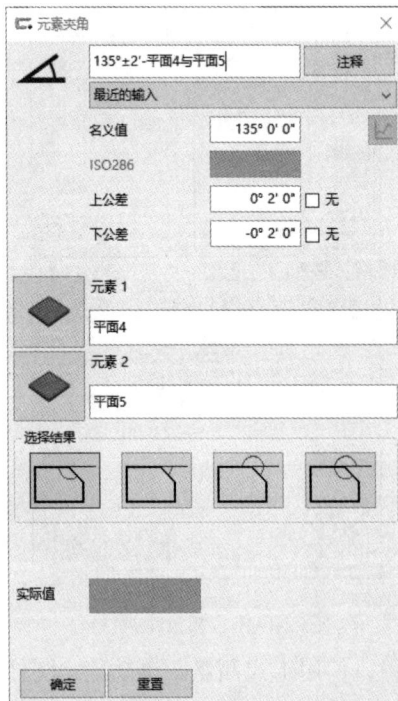

图 2-6-18　元素夹角

2. 定义报告

报告采用默认形式。

任务七 运行测量程序

2-12

一、任务准备

1. 安全五项

(1) 安全五项的含义。在运行测量程序前，为了保证测量机运行的安全，需要设置安全五项参数。安全五项包括安全平面组、安全距离、回退距离、探针系统、测针共五项内容，具体含义及作用如表 2-7-1 所示。

表 2-7-1 安全五项的含义及作用

名　称	释　义
安全平面组	一组与坐标系方向一致的空间虚拟平面，从空间 6 个方向将工件测量区域包容在中间并留有一定间隙。机器运行时要求探针组在元素与元素之间的路径必须位于虚拟平面之外，以保证设备运行的安全。测量程序中需要设置每个元素的进针方向，如 CP + Z 即从 +Z 方向进针
安全距离	测针沿被测元素自身坐标系 Z 方向运行的一段距离(元素自身坐标系是跟随元素设定的，用于定义元素内部测点相对位置等)，用于设定特定的测针运行轨迹，防止碰撞。对于圆、圆柱、圆锥、圆槽等环形封闭的几何元素，其安全距离的方向为轴线方向；对于点、直线、平面等几何元素，其安全距离为元素法向方向的距离
回退距离	接近距离是指测针探测工件表面点时将运行速度调整为探测速度并沿测点法向运行的一段距离，回退距离指探测完成后沿测点法向回退的距离，软件中通常将这两段距离设置成相同的距离，统一称为回退距离
探针系统	为被测元素选定的探针组
测针	为被测元素设定的测针，包含测针名及测针号。如 A0B0 测针、A0B90 测针，或固定式探针组中 1 号测针，2 号测针等

程序在运行过程中，从一个元素到另一个元素移动时，测针始终在安全平面上运动，从安全距离位置接近，测量完成后沿安全距离方向离开，先退回到安全平面，才能测下一个点，直到单个元素测量完成，沿着安全距离方向离开，升到该元素所设置的安全平面。其循环关系如图 2-7-1 所示。

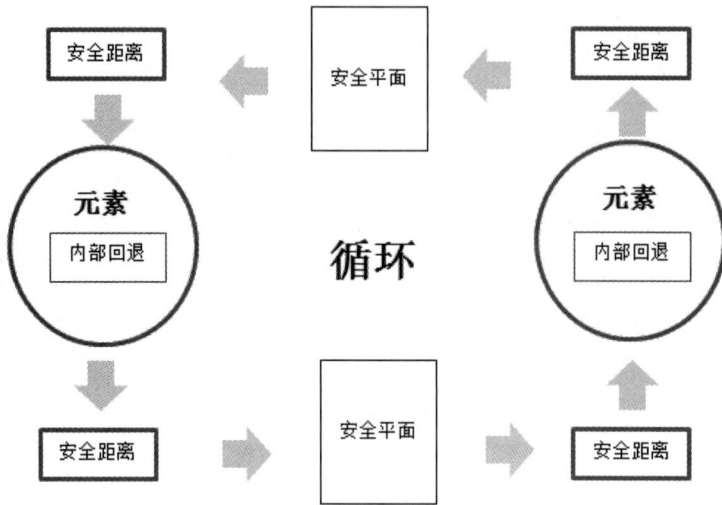

图 2-7-1 循环关系

以图 2-7-2 所示工件为例，如果需要测量 A、B、C、D 四个孔，运行顺序为 A→B→C→D，其安全五项的参数设置如表 2-7-2 所示，则运行轨迹如图 2-7-3 所示。

表 2-7-2 安全五项参数设置

元素	安全平面	安全距离	回退距离	探针组	测针
A	CP + Z	22	5	S	1#
B	CP + Z	15	2	S	1#
C	CP − X	20	3	S	4#
D	CP − X	I7	2	S	3#

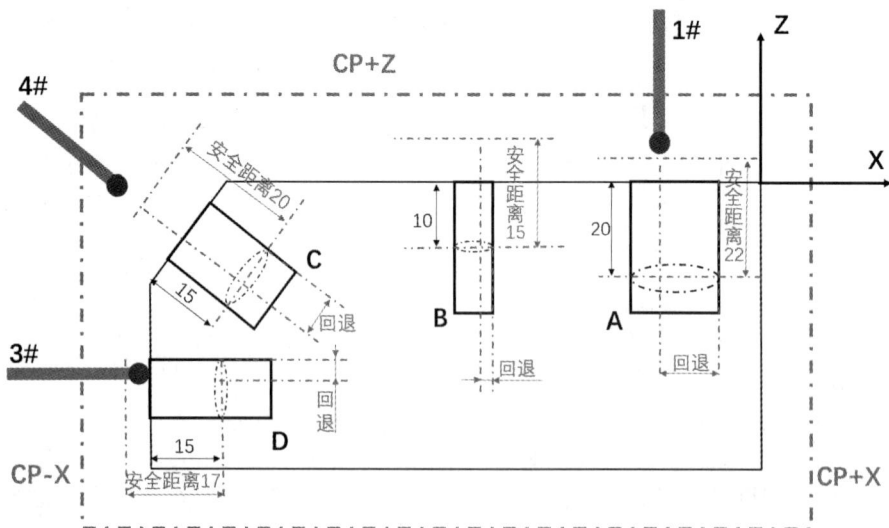

图 2-7-2 工件案例

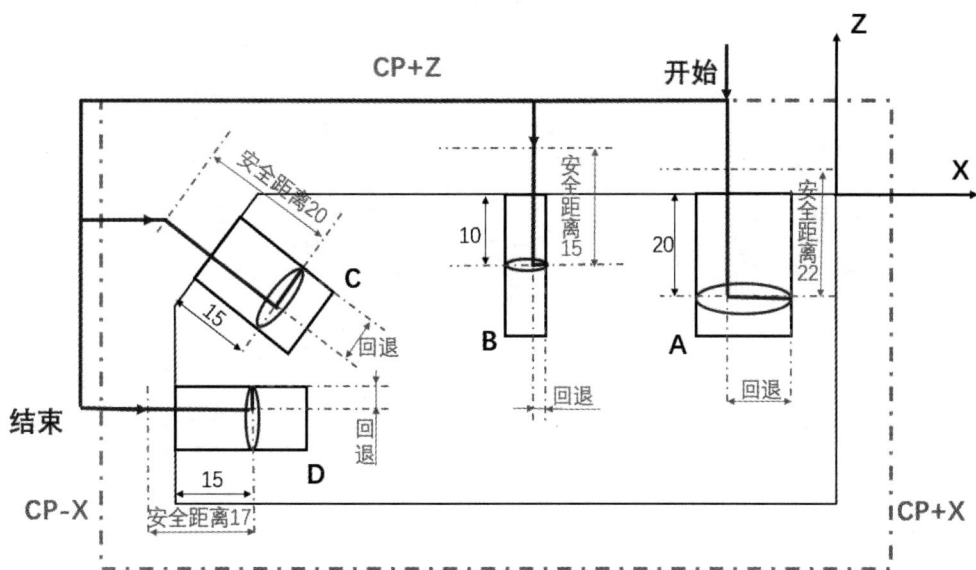

图 2-7-3 运行轨迹

(2) 安全五项设置方法。在菜单栏选择"资源"→"元素设置编辑",进入程序元素编辑界面。在程序元素编辑界面下拉菜单中,选择"移动"选项,出现"安全平面组""安全距离""回退距离"等选项,如图 2-7-4 所示。选择相应的选项可以对其进行检查和设置,例如,选择"安全平面组"选项可以为各个元素设置进针方向,如图 2-7-5 所示。

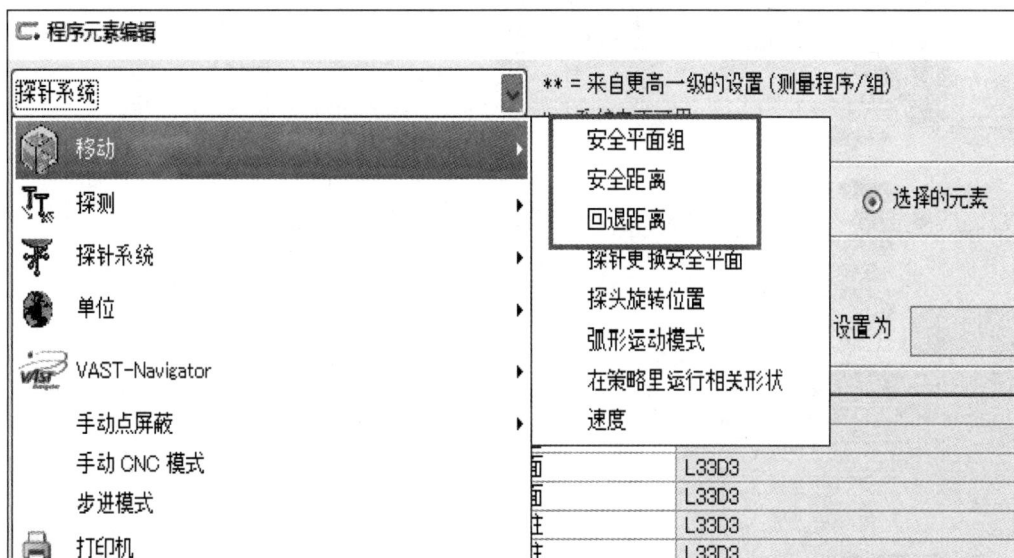

图 2-7-4 程序元素编辑界面

在程序元素编辑界面下拉菜单中,选择"探针系统"→"探针系统"或"测针",可以对探测或测针进行检查和设置,如图 2-7-6 所示。

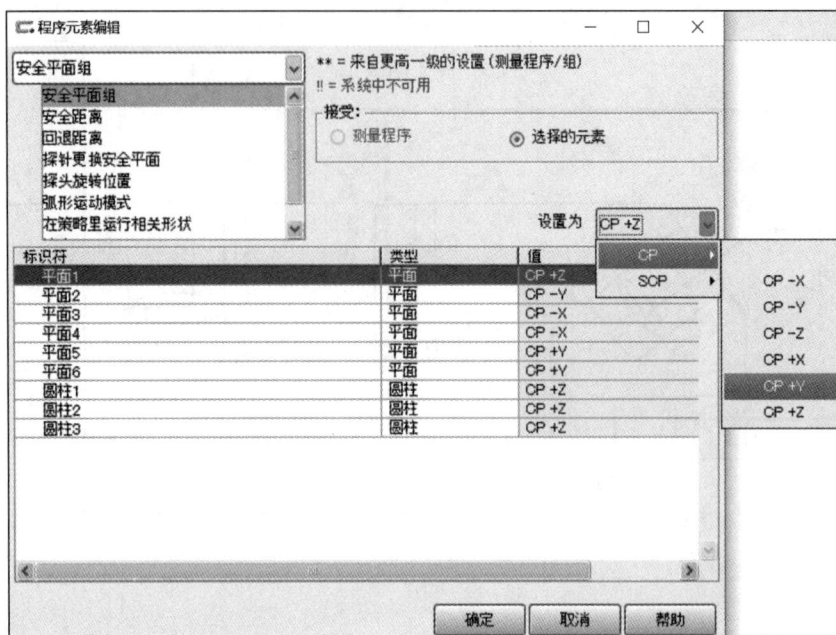

图 2-7-5　安全平面组

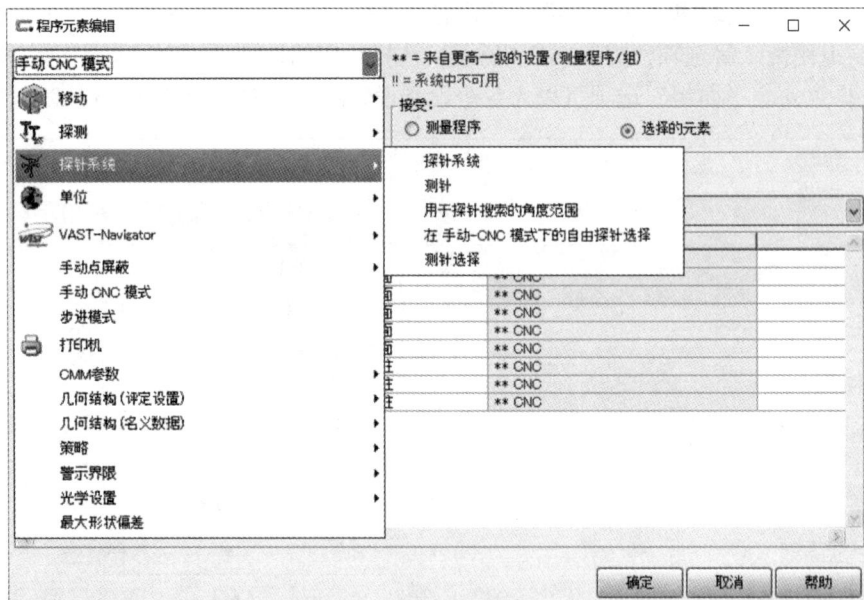

图 2-7-6　设置探针系统或测针

2. 运行程序

　　在运行程序前，调节手柄上的速度控制旋钮，将运行速度调到最慢。在菜单栏选择"程序"→"CNC-启动"，进入启动测量界面。按照如图 2-7-7 所示顺序进行设置，设置完成后单击"开始"按钮。

2-13

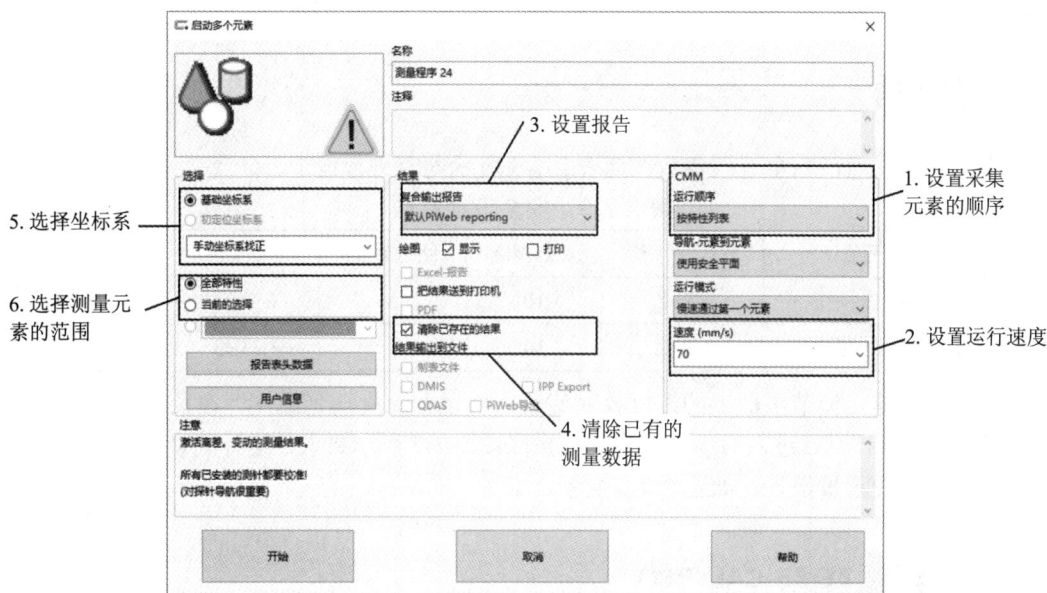

图 2-7-7　设置测量顺序

　　程序将运行手动坐标系，即按照程序提示手动采集建立基础坐标系所使用的元素，如图 2-7-8 所示。注意，当探测完一个元素的最少点数后，可以单击"确定"按钮，跳到下一个元素。完成手动采集基础坐标系后，系统将自动运行程序，操作人员应认真观察探测过程，对发生的不安全、不合理的路径进行记录，然后优化测量程序。

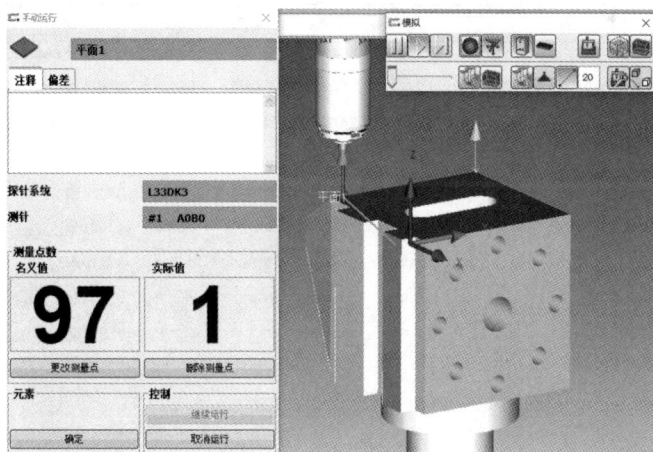

图 2-7-8　手动运行

　　注意：在启动测量界面设置坐标系时，需要根据具体情况选择对应的坐标系。

　　(1) 使用手动坐标系找正时，手动在工件上采点来建立坐标系。此操作适用于第一次测量或无定位工装。

　　(2) 使用当前坐标系时，CMM 将跳过打点建立坐标系的步骤直接测量相关元素。此操作适用于工件没有任何移动，需要重复或继续测量。

　　(3) 使用测量程序同名的坐标系时，CMM 先自动打点建立坐标系，再测量需输出特性的相关元素。此操作适用于有工装夹具，工件仅有轻微移动的情况。

二、任务实施

检查安全五项，安全五项参数按照表 2-7-3 所示内容进行设定。

表 2-7-3　安全五项参数

序号	元素	安全平面组	安全距离	回退距离	探针	测针
1	平面 1～平面 6	CP+Z	10	5	L33D3	1_A0B0
2	圆柱 1～圆柱 3	CP+Z	10	5	L33D3	1_A0B0

运行程序前，调节手柄上的速度控制旋钮，将运行速度调到最慢。在菜单栏选择"程序"→"CNC-启动"，进入启动测量界面。按照图 2-7-7 所示要求，运行测量程序。程序运行完成后，生成测量报告，如图 2-7-9 所示。

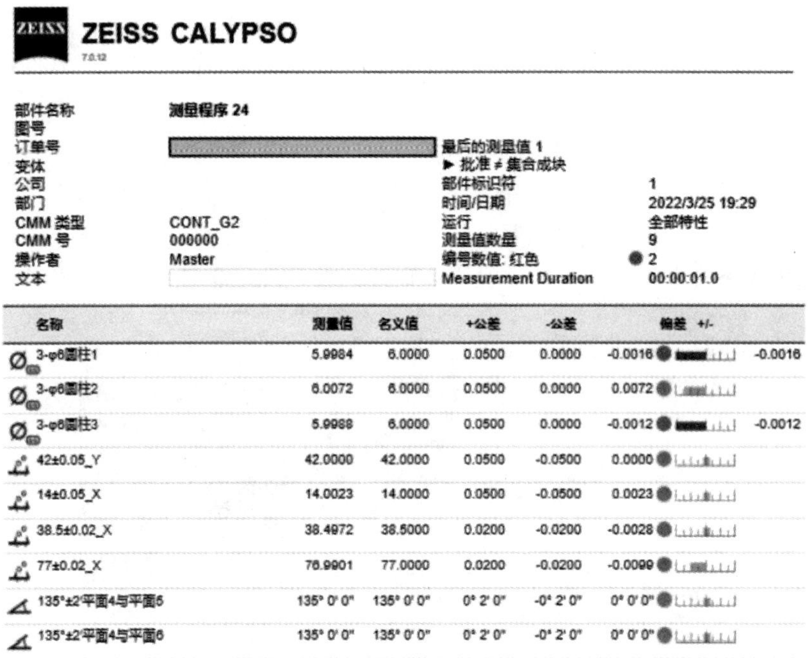

ZEISS **ZEISS CALYPSO**

部件名称	测量程序 24		最后的测量值 1	
图号				
订单号			▶ 批准 ≠ 集合成块	
变体			部件标识符	1
公司			时间/日期	2022/3/25 19:29
部门			运行	全部特性
CMM 类型	CONT_G2		测量值数量	9
CMM 号	000000		编号数值：红色	2
操作者	Master		Measurement Duration	00:00:01.0
文本				

名称	测量值	名义值	+公差	-公差	偏差 +/-	
⌀ 3-φ6圆柱1	5.9984	6.0000	0.0500	0.0000	-0.0016	-0.0016
⌀ 3-φ6圆柱2	6.0072	6.0000	0.0500	0.0000	0.0072	
⌀ 3-φ6圆柱3	5.9988	6.0000	0.0500	0.0000	-0.0012	-0.0012
42±0.05_Y	42.0000	42.0000	0.0500	-0.0500	0.0000	
14±0.05_X	14.0023	14.0000	0.0500	-0.0500	0.0023	
38.5±0.02_X	38.4972	38.5000	0.0200	-0.0200	-0.0028	
77±0.02_X	76.9901	77.0000	0.0200	-0.0200	-0.0099	
135°±2'平面4与平面5	135° 0' 0"	135° 0' 0"	0° 2' 0"	-0° 2' 0"	0° 0' 0"	
135°±2'平面4与平面6	135° 0' 0"	135° 0' 0"	0° 2' 0"	-0° 2' 0"	0° 0' 0"	

图 2-7-9　测量报告

习　题

1. 工件的装夹应遵循哪些原则？
2. 通常 1 号针～5 号针分别对应的 A、B 角度是多少？
3. VAST XXT TL3 支持接针长度为多少毫米？侧面接针应小于多少毫米？
4. 定义点与定义一空间点的功能有什么区别？

5. 常用的几何元素的评定(拟合)方法有哪几种?

6. 安全五项包括哪些内容?

7. 完成图 1 所示板零件的编程。

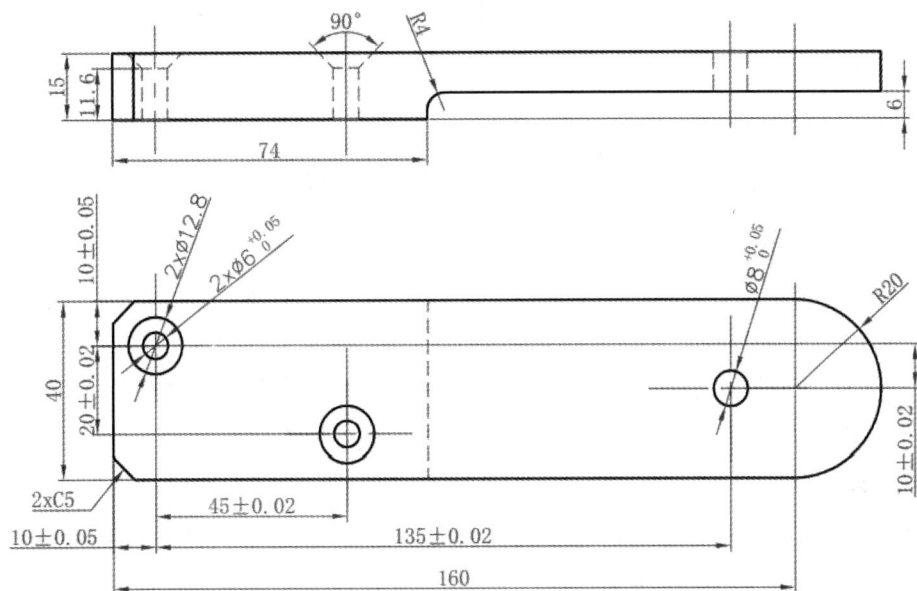

图 1　板零件

8. 完成图 2 所示支架零件的编程。

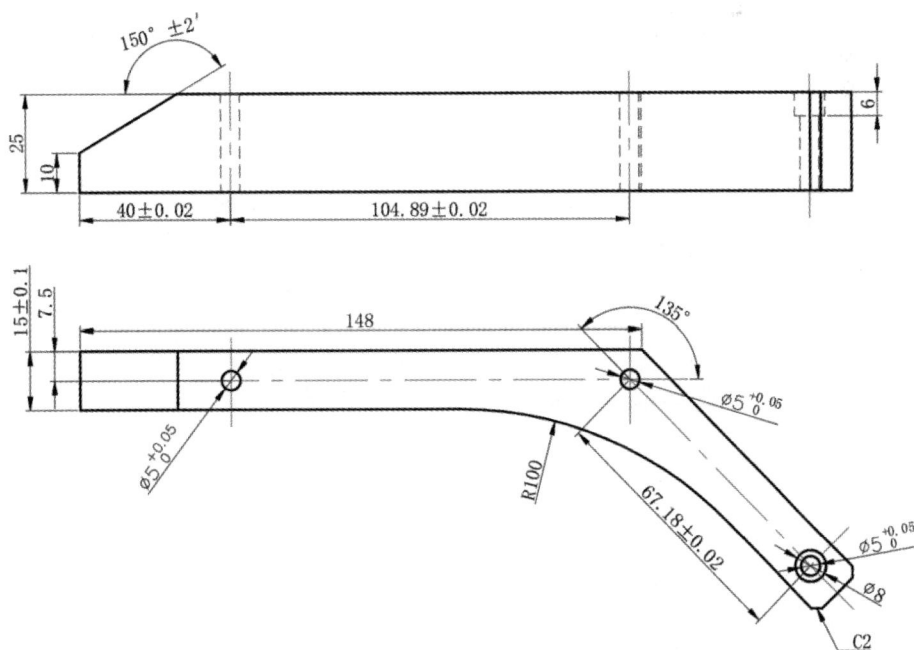

图 2　支架零件

项目三

形状误差检测

⚙ 项目引入

　　形状误差公差包括直线度、平面度、圆度、圆柱度、线轮廓度和面轮廓度，本项目要求掌握相关概念的含义，并且会使用三坐标测量机完成相关项目的检测，并出具检测报告。

⚙ 项目思考

　　如何判断形状误差是否合格？通过规范测量的形状误差值小于公差值即为合格。检测要遵循相应的标准，并非随心所欲。

⚙ 任务一　轴承盖检测

　　轴承盖零件图纸如图 3-1-1 所示，要求使用三坐标测量机完成图纸尺寸公差和形状公差项目的测量。

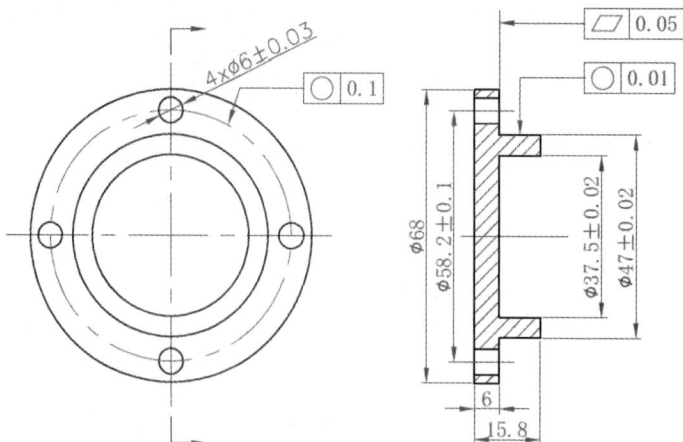

图 3-1-1　轴承盖零件图纸

一、任务准备

1. 平面度

(1) 平面度公差。平面度公差的标注及解读如表 3-1-1 所示。

表 3-1-1 平面度公差的标注及解读

形状公差项目	标注示例	识读	解读含义
平面度		上表面的平面度公差为 0.1 mm	提取(实际)表面应限定在间距等于 0.08(公差值 t)的两平行平面之间

(2) 平面度误差及评价。平面度误差是指实际被测表面相对于理想平面的变动量，合格条件是平面度误差值不大于平面度公差值。

在菜单栏单击"形状与位置"→"平面度"，在特性功能标签下出现"平面度"图标，双击打开，弹出平面度对话框，平面度对话框各图标含义如图 3-1-2 所示。在平面度对话框"元素"按钮处选择被测平面，修改标识及公差值，即完成平面度误差的评价。

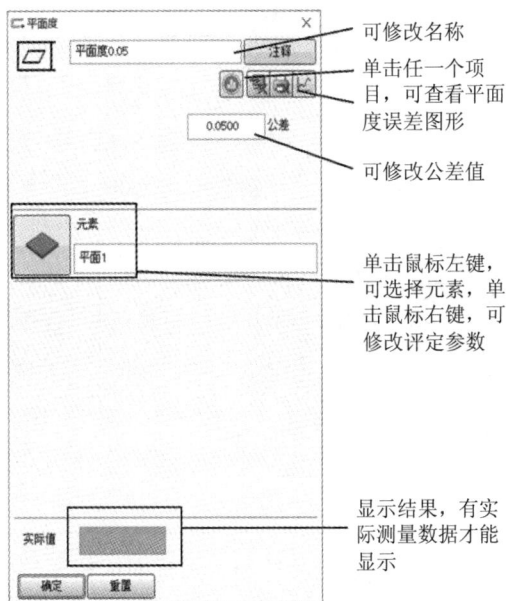

图 3-1-2 平面度对话框

(3) 平面度误差数据分析。在平面度对话框点击 ，弹出如图 3-1-3 所示的 PiWeb reporting 对话框，单击"绘图"按钮，弹出如图 3-1-4 所示的 PlotProtocol 绘图报告界面，用于分析该平面误差数据。

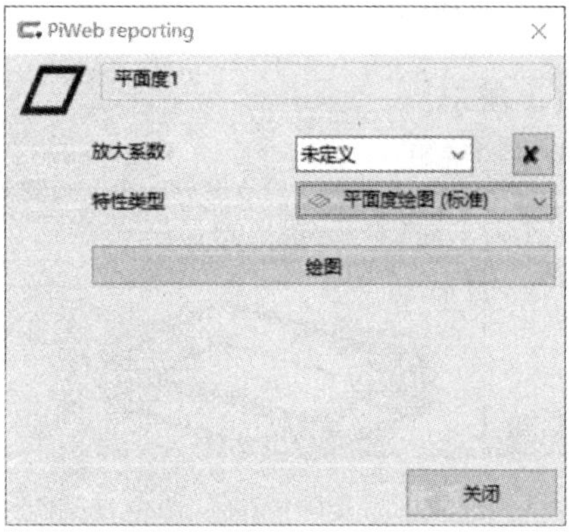

图 3-1-3　PiWeb reporting 对话框

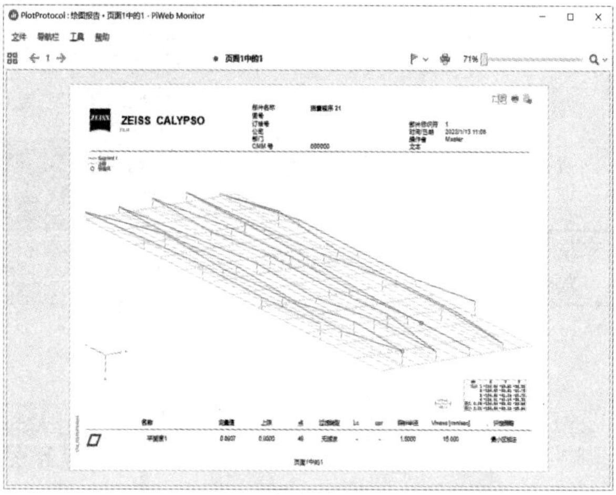

图 3-1-4　PlotProtocol 绘图报告界面

2. 圆度

(1) 圆度公差。圆度公差的标注及解读如表 3-1-2 所示。

表 3-1-2　圆度公差的标注及解读

形状公差项目	标注示例	识读	解读含义
圆度	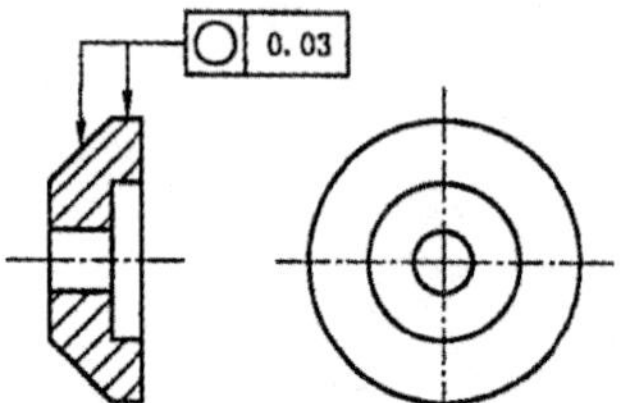	圆锥面和圆柱面的圆度公差为 0.03	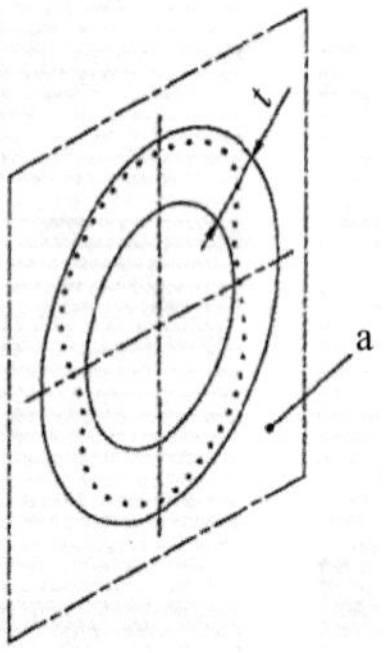 　在圆柱面和圆锥面的任意横截面内，提取(实际)圆周应限定在半径差等于 0.03(公差值 t)的两共面同心圆之间

(2) 圆度误差及评价。圆度误差是指圆柱面、圆锥面或球面等回转体的给定横截面内，实际被测圆周轮廓对其理想圆的变动量。合格条件是圆度误差值不大于圆度公差值。

在菜单栏单击"形状与位置"→"圆度"，在特性功能标签下出现"圆度"图标，双击打开，弹出圆度对话框，圆度对话框各参数释义如图 3-1-5 所示。在圆度对话框"元素"选项处选择被测圆，修改标识及公差值，即完成圆度误差的评价。

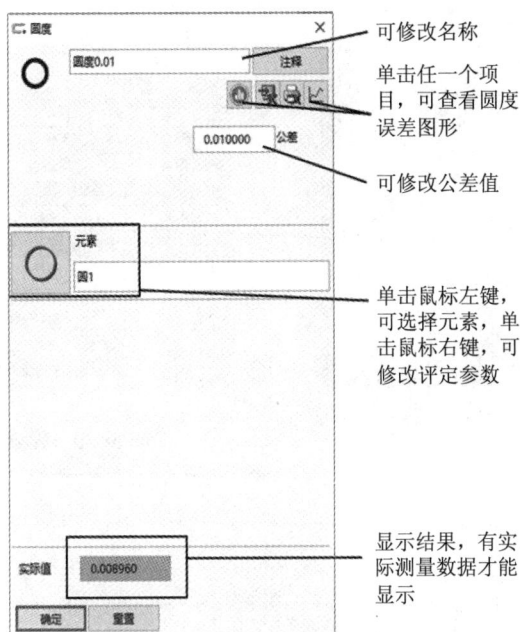

图 3-1-5 圆度对话框各参数释义

(3) 圆度误差数据分析。在圆度对话框点击 ，弹出如图 3-1-6 所示的 PiWeb reporting 对话框，单击"绘图"按钮，弹出如图 3-1-7 所示的 PlotProtocol 绘图报告界面，用于分析该圆度误差数据。

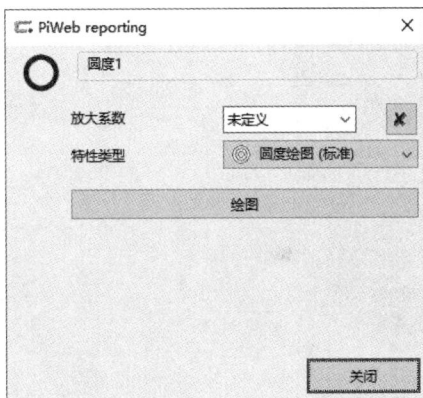

图 3-1-6 PiWeb reporting 对话框

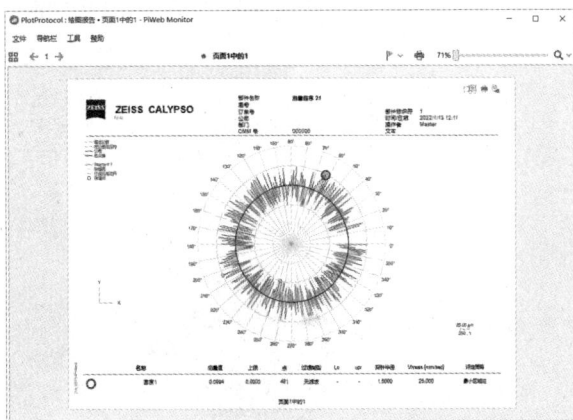

图 3-1-7 PlotProtocol 绘图报告界面

3. 组合圆的圆度

对组合圆的圆度进行评价时，需要将被组合的圆进行单独定义，如图 3-1-8 所示。然后，在菜单栏单击元素→"圆"，在元素功能标签下出现一个新的"圆"图标，双击打开，弹出元素对话框，选择"调用"选项，如图 3-1-9 所示，弹出调用对话框，在调用对话框同时选中被组合的圆，如图 3-1-10 所示，单击"确定"按钮，完成圆的组合。最后，完成组合圆(均布孔分度圆)的圆度评价。

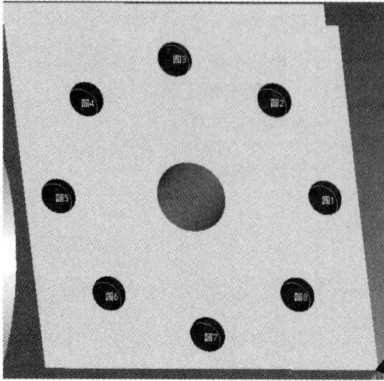

图 3-1-8　定义被组合的圆

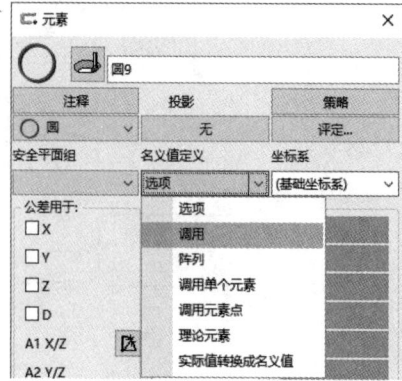

图 3-1-9　元素对话框

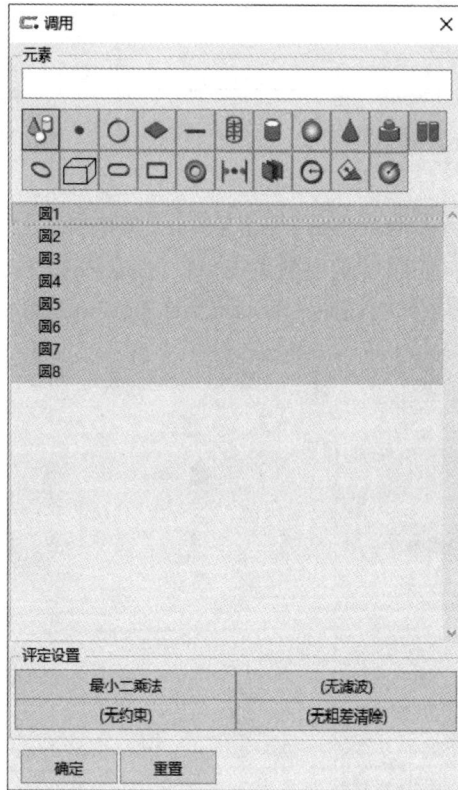

图 3-1-10　调用对话框

二、任务实施

1. 梳理测量项目

对测量项目进行梳理并编号，如图 3-1-11 所示，并对测量元素
进行编号，如图 3-1-12 所示，形成如表 3-1-3 所示的测量项目表。

3-1

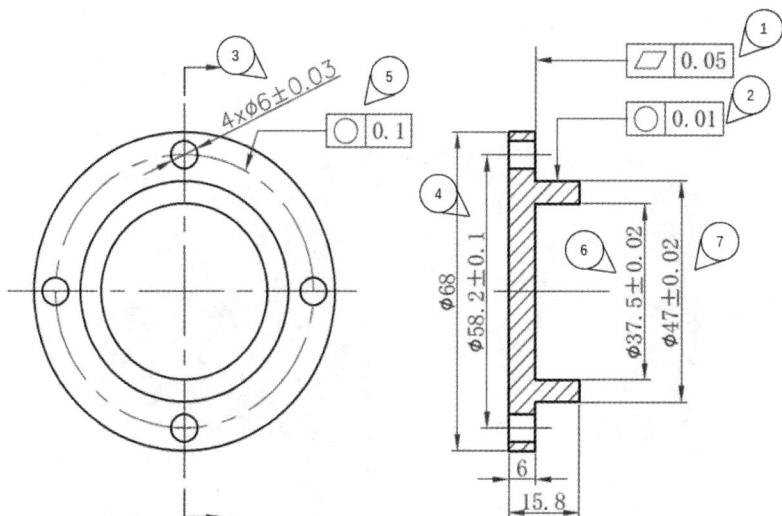

图 3-1-11　测量项目编号

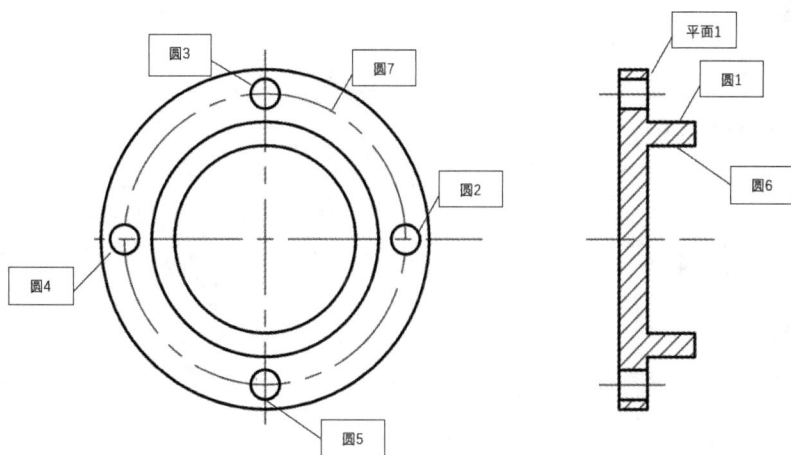

图 3-1-12　测量元素编号

表 3-1-3　测量项目表

序号	测量项目	描述
1	平面度 0.05	平面 1 平面度
2	圆度 0.01	圆 1 所在圆柱截面圆的圆度
3	$4 \times \phi 6 \pm 0.03$	圆 2、圆 3、圆 4、圆 5 直径
4	$\phi 58.2 \pm 0.1$	圆 2～圆 5 的圆心构成的节圆直径
5	圆度 0.1	圆 2～圆 5 的圆心构成的节圆圆度
6	$\phi 37.5 \pm 0.02$	圆 6 直径
7	$\phi 47 \pm 0.02$	圆 1 直径

2. 确定装夹方案

结合工件装夹的原则，采用如图 3-1-13 所示的装夹方案，保证一次装夹可完成全部元素的测量。

图 3-1-13　工件装夹方案

3. 探针选型与校准

选择 L33D3 探针，测针选用 1_A0B0，并进行校准。

4. 建立基础坐标系

在测量程序功能标签下单击 ，弹出如图 3-1-14 所示的读取建立的或修改的基础坐标系对话框，采用默认设置，单击"确定"按钮，弹出基本坐标系对话框。按照图 3-1-15 所示内容选择对应的元素建立坐标系，建立完成后的坐标系显示如图 3-1-16 所示。

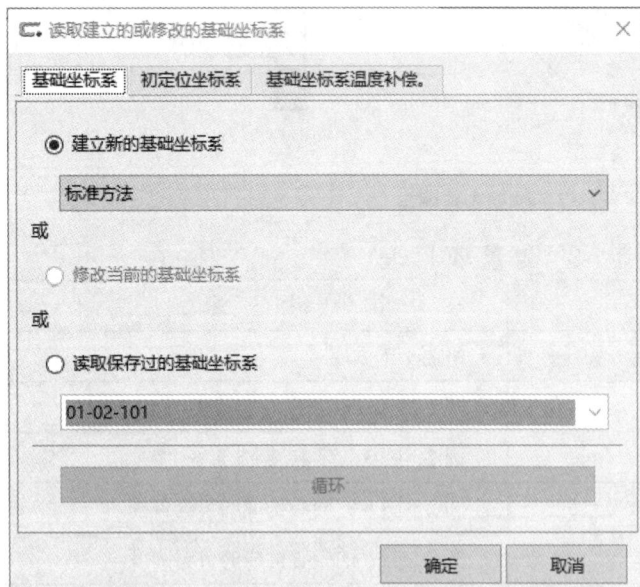

图 3-1-14　读取建立的或修改的基础坐标系对话框

图 3-1-15　建立基本坐标系对话框

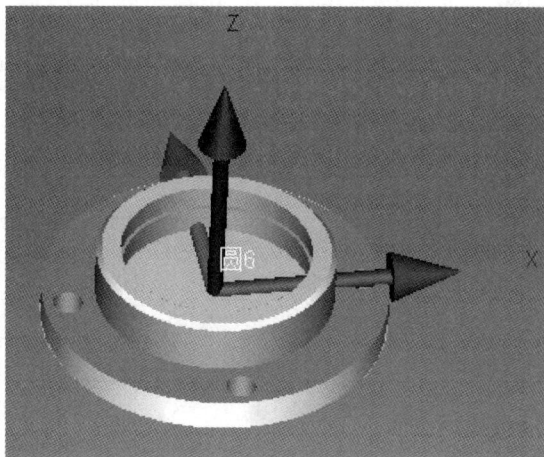

图 3-1-16 坐标系显示窗口

5. 创建安全平面

在测量程序功能标签下单击 ![icon]，弹出如图 3-1-17 所示的安全平面对话框，单击 "从 CAD 模型提前安全平面" 按钮，在弹出的边界距离对话框设置采用默认的 10 mm。单击 "确定" 按钮，完成安全平面的创建。

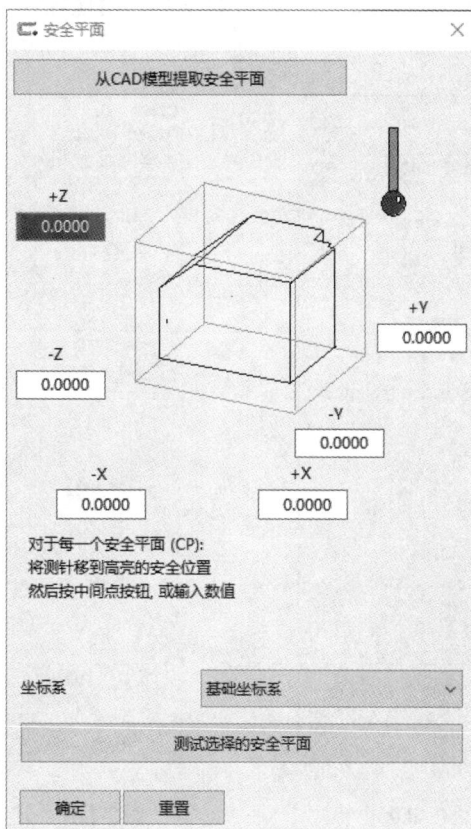

图 3-1-17 安全平面对话框

6. 定义元素及策略

按照图 3-1-12 所示的测量元素编号依次定义元素，各元素按照表 3-1-4 进行测量策略及评定设置。

表 3-1-4　测量策略及评定设置

序号	元素	测量策略及评定设置	备　注
1	平面 1	两层圆路径扫描，步距 0.1 mm，滤波波长 0.8 mm，勾选滤波和粗差	分段圆路径参考 COOKBOOK
2	圆 1～圆 6	圆路径扫描至少 500 点，滤波参数低通滤波 50UPR，勾选滤波和粗差	参考 COOKBOOK
3	圆 7	调用圆 2～圆 5	方法见本任务中"相关知识/三、组合圆的圆度"

7. 定义特性

(1) 定义"平面度 0.05"特性。在菜单栏单击"形状与位置"→"平面度"，在特性功能标签下出现"平面度"图标，双击打开，弹出平面度对话框，按照图 3-1-18 所示内容定义"平面度 0.05"特性。

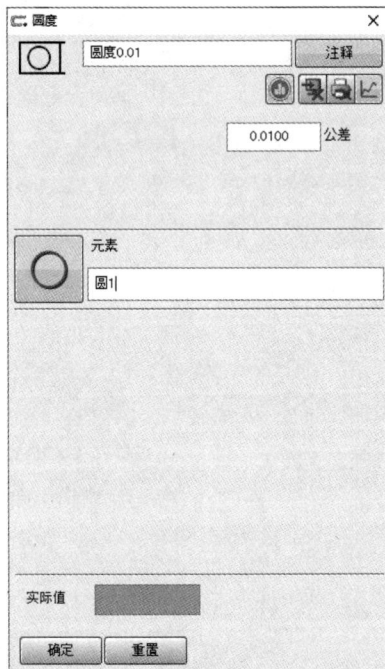

(2) 定义"圆度 0.01"特性。在菜单栏单击"形状与位置"→"圆度"，在特性功能标签下出现"圆度"图标，双击打开，弹出圆度对话框，按照图 3-1-19 所示内容定义"圆度 0.01"特性。

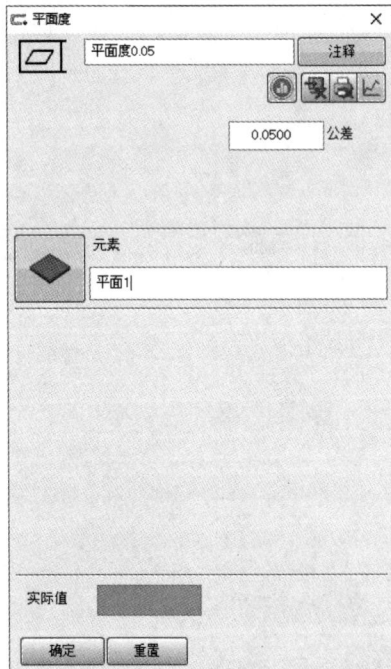

图 3-1-18　定义"平面度 0.05"特性　　　　图 3-1-19　定义"圆度 0.01"特性

(3) 定义"4×ϕ6±0.03"特性。在菜单栏单击"尺寸"→"标准"→"直径"，在特性功能标签下出现"直径"图标，双击打开，弹出直径对话框，按照图 3-1-20 所示内容分别定义圆 2、圆 3、圆 4、圆 5 的直径特性。

(4) 定义"$\phi58.2\pm0.1$"特性在菜单栏单击"尺寸"→"标准"→"直径",在特性功能标签下出现"直径"图标,双击打开,弹出直径对话框,按照图 3-1-21 所示内容定义"$\phi58.2\pm0.1$"特性。

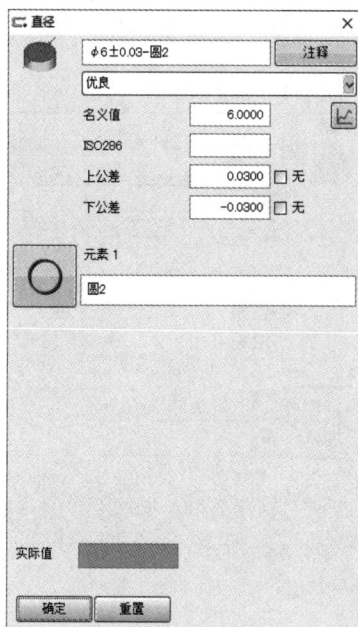

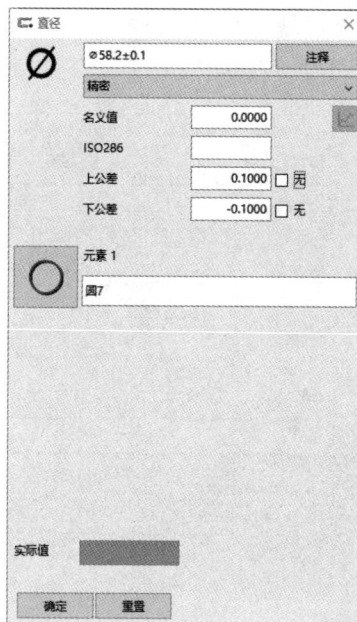

图 3-1-20　定义"$4\times\phi6\pm0.03$"直径特性　　　图 3-1-21　定义"$\phi58.2\pm0.1$"特性

(5) 定义"圆度 0.1"特性。在菜单栏单击"形状与位置"→"圆度",在特性功能标签下出现"圆度"图标,双击打开,弹出圆度对话框,按照图 3-1-22 所示内容定义"圆度 0.1"特性。

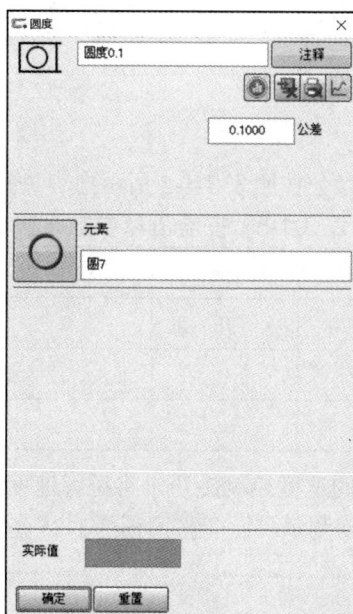

图 3-1-22　定义"圆度 0.1"特性

(6) 定义"$\phi37.5\pm0.02$"特性。在菜单栏单击"尺寸"→"标准"→"直径",在特性功能标签下出现"直径"图标,双击打开,弹出直径对话框,按照图 3-1-23 所示内容定义"$\phi37.5\pm0.02$"特性。

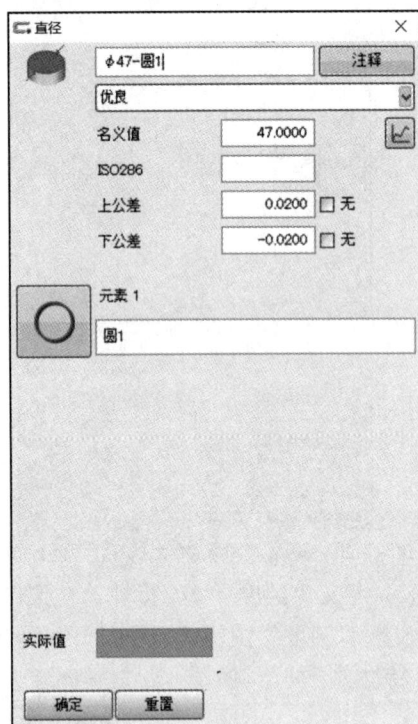

(7) 定义"$\phi47\pm0.02$"特性。在菜单栏单击"尺寸"→"标准"→"直径",在特性功能标签下出现"直径"图标,双击打开,弹出直径对话框,按照图 3-1-24 所示内容定义"$\phi47\pm0.02$"特性。

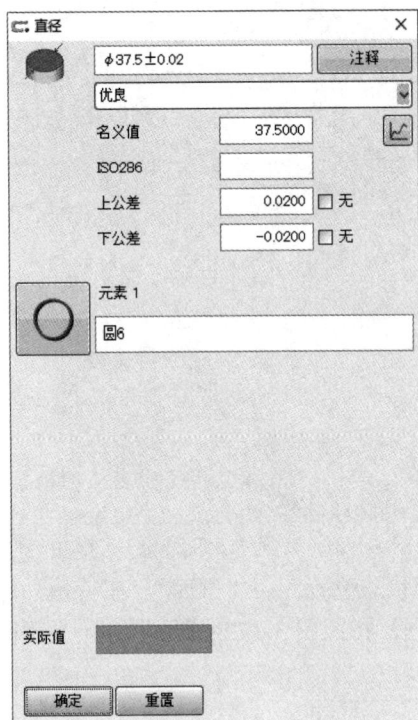

图 3-1-23　定义"$\phi37.5\pm0.02$"特性　　　　图 3-1-24　定义"$\phi47\pm0.02$"特性

8. 运行程序及调试

检查安全五项,安全五项参数按照表 3-1-5 所示内容进行设置。

表 3-1-5　安全五项参数设置

序号	元素	安全平面组	安全距离	回退距离	探针	测针
1	平面 1	CP + Z	0	5	L33D3	1_A0B0
2	圆 1～圆 6	CP + Z	0	2	L33D3	1_A0B0
3	圆 7	—	—	—	—	—

运行程序前,调节手柄上的速度控制旋钮,将运行速度调到最慢。在菜单栏选择"程序"→"CNC-启动",进入启动测量界面。按照图 3-1-25 所示顺序进行设置,设置完成后单击"开始"按钮。

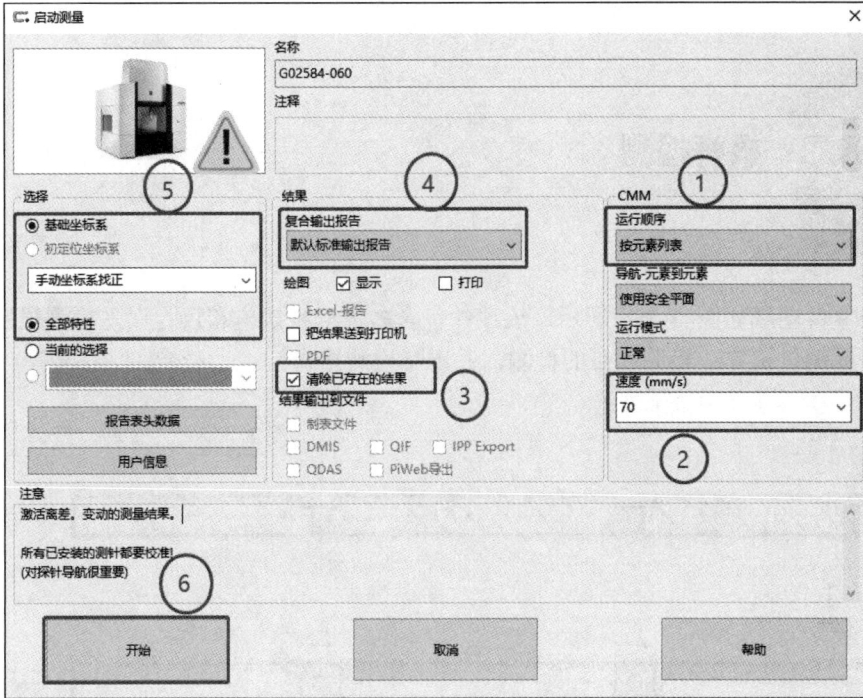

图 3-1-25　启动测量

9. 输出报告

程序运行完成，自动输出如图 3-1-26 所示测量报告。

ZEISS CALYPSO
7.0.12

部件名称	测量程序 19				
图号					
订单号		最后的测量值 1			
变体		▶ 批准 ≠ 集合成块			
公司		部件标识符	3		
部门		时间/日期	2021/12/2 17:06		
CMM 类型	Prismo	运行	全部特性		
CMM 号	000000	测量值数量	10		
操作者	Master	编号数值: 红色	● 2		
文本		Measurement Duration	00:00:03.0		

名称	测量值	名义值	+公差	-公差	偏差 +/-	
▱ 平面度0.05	0.0199	0.0000	0.0500	0.0000	0.0199 ⬤⊞ ⎸⎸⎸⎸	
○ 圆度0.01	0.0110	0.0000	0.0100	0.0000	0.0110 ⬤⬛⬛⬛⬛	0.0010
⌀ D6±0.03-圆2	5.9998	6.0000	0.0300	-0.0300	-0.0002 ⎸⎸⎸⎸⎸⎸	
⌀ D6±0.03-圆3	5.9999	6.0000	0.0300	-0.0300	-0.0001 ⎸⎸⎸⎸⎸⎸	
⌀ D6±0.03-圆4	5.9983	6.0000	0.0300	-0.0300	-0.0017 ⬤⎸⎸⎸⎸⎸⎸	
⌀ D6±0.03-圆5	6.0010	6.0000	0.0300	-0.0300	0.0010 ⎸⎸⎸⎸⎸⎸	
⌀ D58.2±0.1-圆7	58.0007	58.2000	0.1000	-0.1000	-0.1993 ⬤⬛⬛⬛	-0.0993
○ 圆度0.1	0.0002	0.0000	0.1000	0.0000	0.0002 ⬛⎸⎸⎸⎸⎸	
⌀ D37.5±0.02_圆6	37.4988	37.5000	0.0200	-0.0200	-0.0012 ⬤⎸⎸⎸⎸⎸	
⌀ D47±0.02_圆1	47.0013	47.0000	0.0200	-0.0200	0.0013 ⬤⎸⎸⎸⎸⎸	

图 3-1-26　测量报告

任务二 极杆检测

极杆零件图纸如图 3-2-1 所示，该零件包含多项形状误差和尺寸误差检测项目，要求使用三坐标测量机完成相关项目的检测，并出具检测报告。

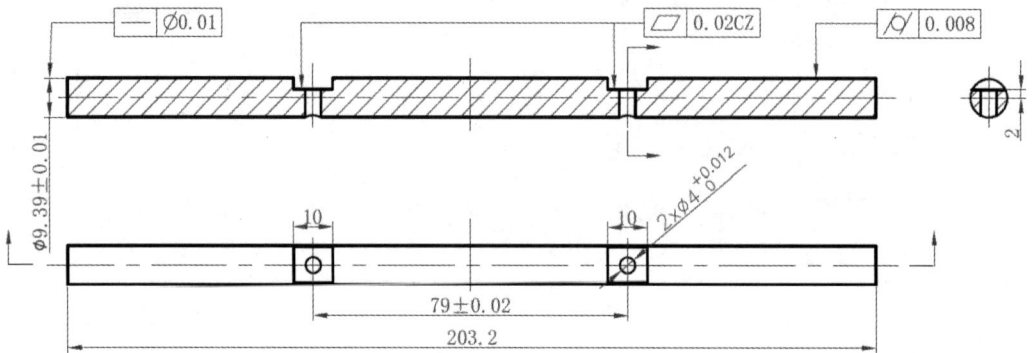

图 3-2-1 极杆零件图纸

一、任务准备

1. 直线度

(1) 直线度公差。直线度公差的标注及解读如表 3-2-1 所示。

表 3-2-1 直线度公差的标注及解读

形状公差项目	标注示例	识读	解读含义
在给定平面内的直线度	0.1	被测表面素线直线度公差为 0.1 mm	上平面的提取(实际)线应限定在间距等于 0.1(公差值 *t*)的两平行直线之间

形状公差项目	标注示例	识读	解读含义
在给定方向上的直线度	─ 0.1 △	在垂直方向上棱线的直线度公差为 0.1 mm	提取(实际)的棱边应限定在间距等于 0.1(公差值 t)的两平行平面之间
在任意方向上的直线度	─ $\phi 0.08$ ⊕	圆柱的轴线的直线度公差为 $\phi 0.08$ mm	圆柱面的提取中心线应限定在直径等于 $\phi 0.08$ mm 的圆柱面内

（2）直线度误差及评价。直线度误差是指实际被测直线相对于理想直线的变动量，合格条件是直线度误差值不大于直线度公差值。

以任意方向上的直线度测量为例，要先获取被测圆柱的轴线，然后在菜单栏单击"形状与位置"→"直线度"，在特性功能标签下出现"直线度"图标，双击打开，弹出直线度对话框，直线度对话框各图标含义如图 3-2-2 所示。在直线度对话框"元素"按钮处选择被测直线，修改标识及公差值，即完成直线度误差的评价。

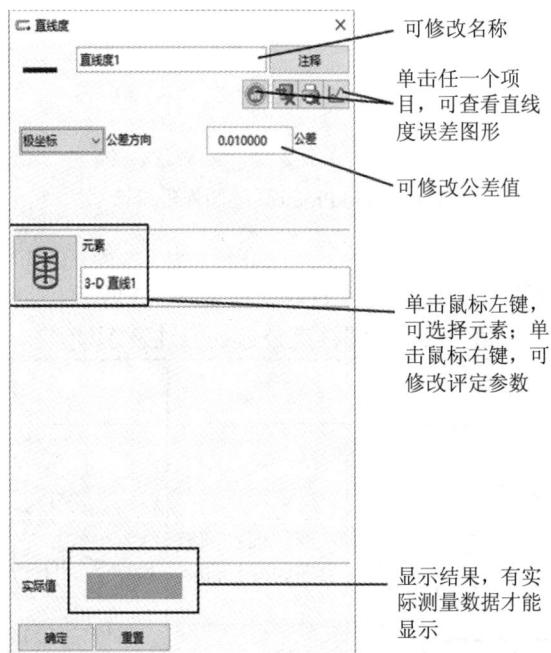

图 3-2-2　直线度对话框

(3) 直线度误差数据分析。在直线度对话框点击 ，弹出如图 3-2-3 所示的 PiWeb reporting 对话框，单击"绘图"按钮，弹出如图 3-2-4 所示的 PlotProtocol 绘图报告界面，用于分析该直线度误差数据。

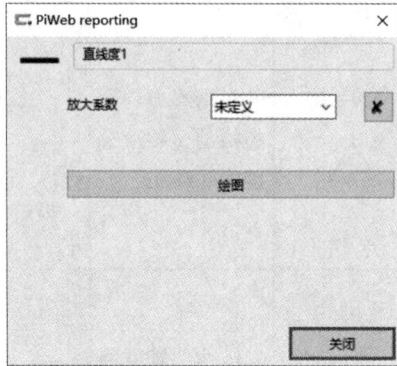

图 3-2-3　PiWeb reporting 对话框

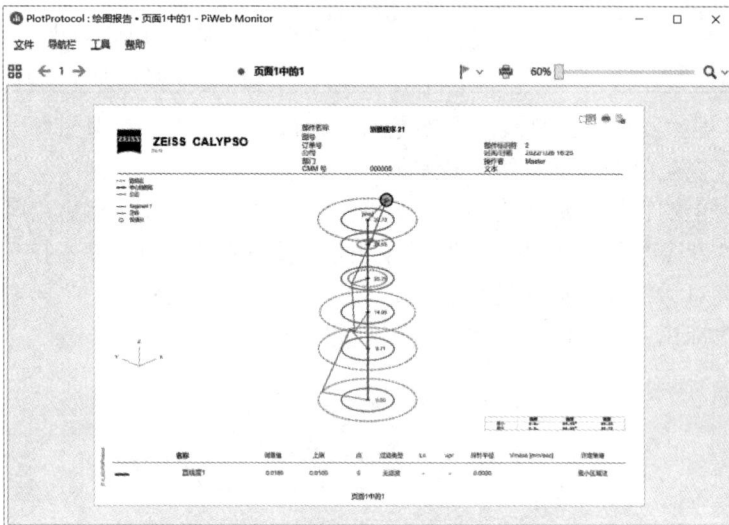

图 3-2-4　PlotProtocol 绘图报告对话框

2. 圆柱度

(1) 圆柱度公差。圆柱度公差的标注及解读如表 3-2-2 所示。

表 3-2-2　圆柱度公差的标注及解读

形状公差项目	标 注 示 例	识 读	解 读 含 义
圆柱度		圆柱面的圆度公差为 0.1 mm	提取(实际)圆柱面应限定在半径差等于 0.1 mm(公差值 t)的两同轴圆柱面之间

(2) 圆柱度误差及评价。圆柱度误差是指实际被测圆柱表面对其理想圆柱面的变动量。合格条件是圆度误差值不大于圆度公差值。

在菜单栏单击"形状与位置"→"圆柱度"，在特性功能标签下出现"圆柱度"图标，双击打开，弹出圆柱度对话框，圆柱度对话框各图标含义如图 3-2-5 所示。在圆柱度对话框"元素"选项处选择被测圆柱，修改标识及公差值，即完成圆柱度误差的评价。

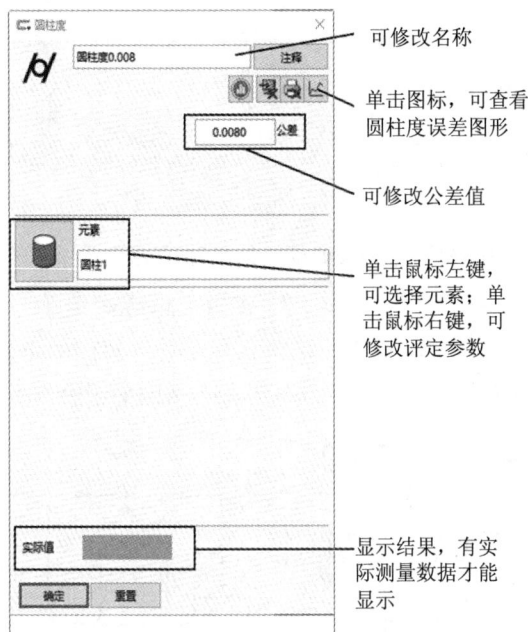

图 3-2-5　圆柱度对话框

(3) 圆柱度误差数据分析。在圆柱度对话框点击 ⊙，弹出如图 3-2-6 所示的 PiWeb reporting 对话框，单击"绘图"按钮，弹出如图 3-2-7 所示的 PlotProtocol 绘图报告界面，用于分析该圆柱度误差数据。

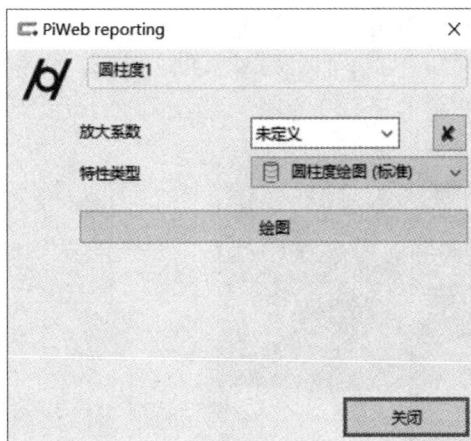

图 3-2-6　PiWeb reporting 对话框

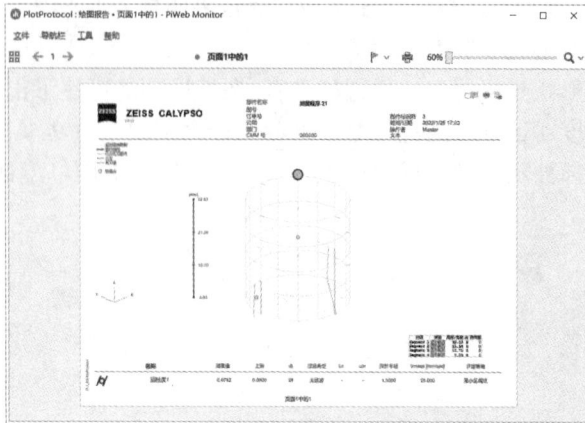

图 3-2-7　PlotProtocol 绘图报告对话框

3. 组合平面度

(1) 组合平面度解读。图 3-2-8 所示平面度指三个独立平面的平面度公差为 0.1 mm，图 3-2-9 所示平面度标注添加了"CZ"符号，表明三个平面的组合平面度公差为 0.1 mm。

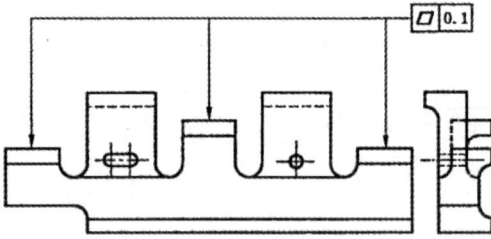

图 3-2-8　平面度

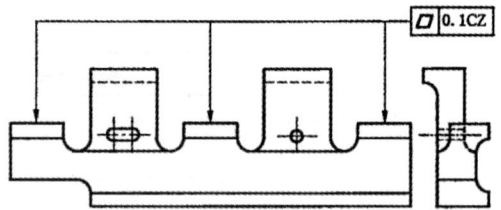

图 3-2-9　组合平面度

(2) 组合平面度测量方法。先将被组合的平面进行单独定义，如图 3-2-10 所示。然后在菜单栏单击"元素"→"平面"，在元素功能标签下出现一个新的"平面"图标，双击打开，弹出元素对话框，选择"调用元素点"选项，如图 3-2-11 所示，弹出调用元素点对话框，在该对话框同时选中被组合的平面，如图 3-2-12 所示，单击"确定"按钮，完成平面的组合。最后，完成组合平面的平面度的评定。

图 3-2-10　定义被组合的平面

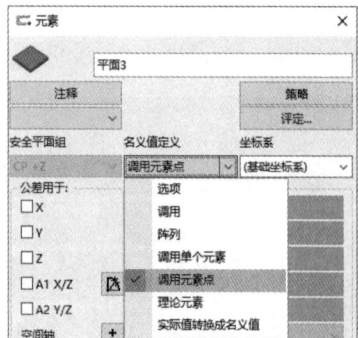

图 3-2-11　调用元素点功能

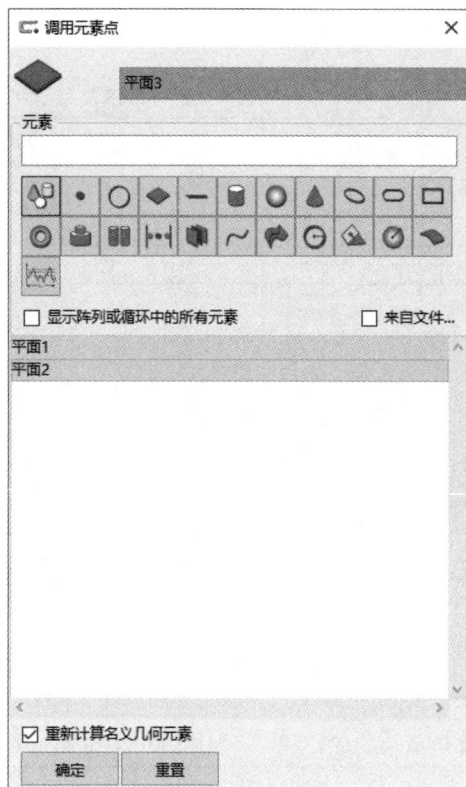

图 3-2-12 调用元素点

二、任务实施

1. 梳理测量项目

对测量项目进行梳理并编号，如图 3-2-13 所示，并对测量元素进行编号，如图 3-2-14 所示，形成如表 3-2-3 所示的测量项目表。

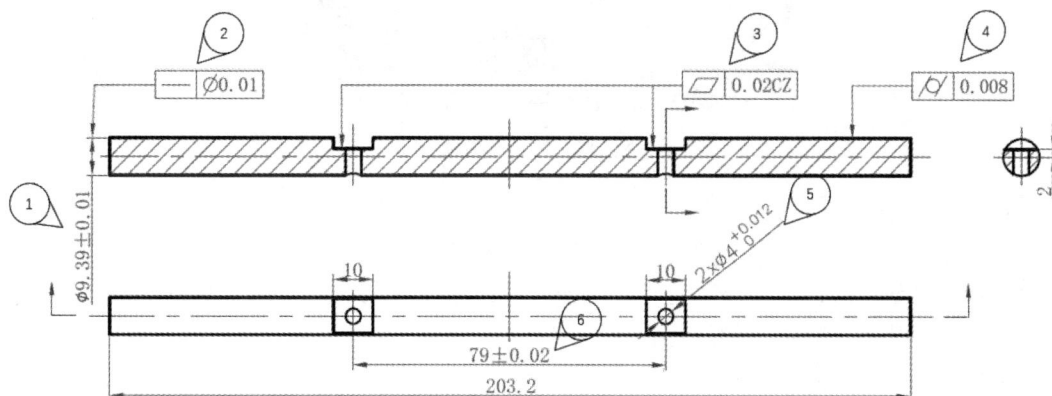

图 3-2-13 测量项目编号

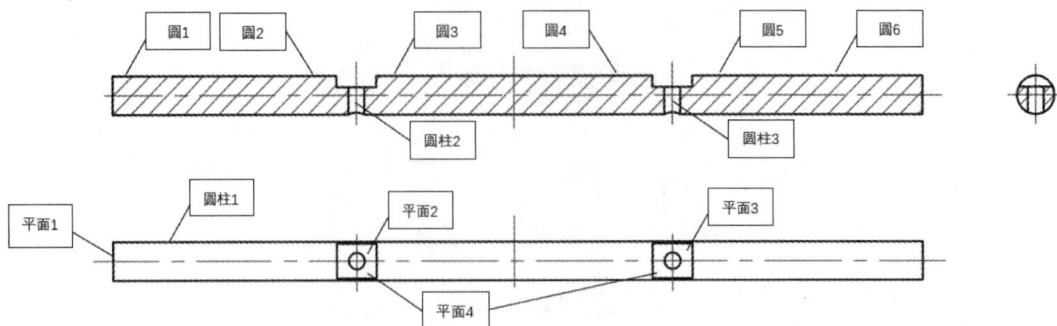

图 3-2-14　测量元素编号

表 3-2-3　测 量 项 目 表

序号	测量项目	描　　述
1	$\phi 9.39 \pm 0.01$	圆柱 1(由圆 1～圆 6 构造所得)直径
2	直线度 $\phi 0.01$	圆柱 1 中心轴线的直线度(构造 3D 直线 1)
3	平面度 0.02 CZ	平面 4(平面 2 和平面 3)组合平面的平面度
4	圆柱度 0.008	圆柱 1(由圆 1～圆 6 构造所得)圆柱度
5	$2 \times \phi 4_{0}^{+0.012}$	圆柱 2 和圆柱 3 直径
6	79 ± 0.02	圆柱 2 和圆柱 3 距离

2. 确定装夹方案

结合工件装夹的原则,采用如图 3-2-15 所示的装夹方案,保证一次装夹可完成全部元素的测量。

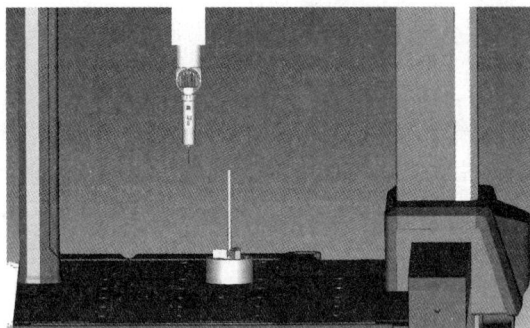

图 3-2-15　工件装夹方案

3. 探针选型与校准

对于带有旋转测座的传感器,可以选择 L58D3 探针,测针选用 3_A0B90、5_A180B90 两个方向,并进行校准。对于固定式传感器,可以选择 3 号、5 号的星型探针结构。本任务中以旋转测座的传感器为例进行介绍。

4. 建立基础坐标系

在测量程序功能标签下单击 🔏,弹出如图 3-2-16 所示的读取建立的或修改的基础坐标系对话框,采用默认设置,单击"确定"按钮,弹出基本坐标系对话框。按照如图 3-2-17

所示内容选择对应的元素建立坐标系,建立完成后的坐标系显示如图 3-2-18 所示。

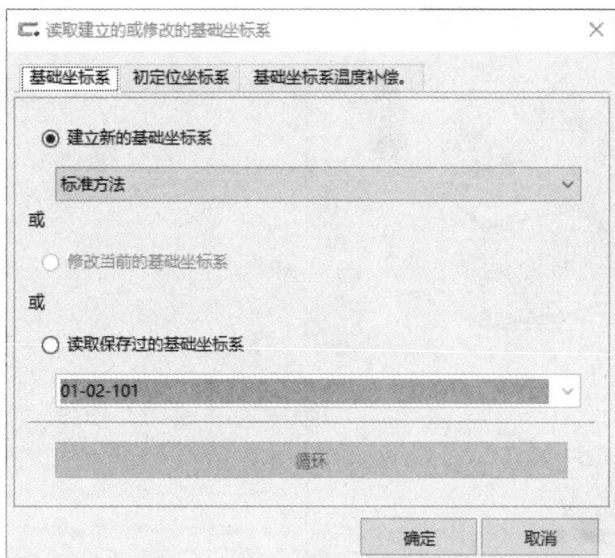

图 3-2-16 读取建立的或修改的基础坐标系对话框

图 3-2-17 建立坐标系

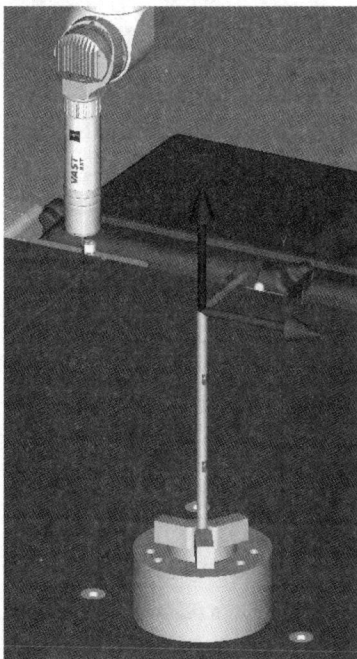

图 3-2-18 坐标系显示

5. 创建安全平面

在测量程序功能标签下单击 ⬚,弹出如图 3-2-19 所示的安全平面对话框,单击"从

CAD 模型提前安全平面"按钮，在弹出的边界距离对话框中采用默认值 10 mm。单击"确定"按钮，完成安全平面的创建。

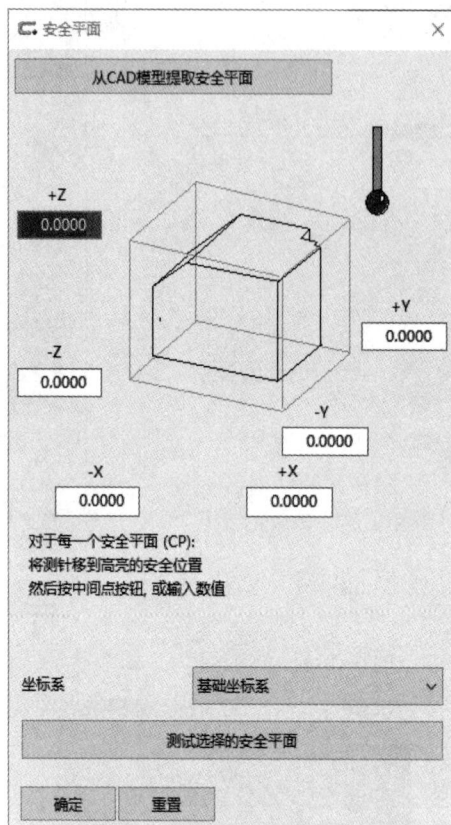

图 3-2-19   安全平面对话框

6. 定义元素及策略

按照图 3-2-14 测量元素编号依次定义元素，各元素按照表 3-2-4 进行测量策略及评定设置。

表 3-2-4   测量策略及评定设置

序号	元素	测量策略及评定设置	备 注
1	圆柱 1	调用圆 1~圆 6 的元素点构造生成	选用"调用元素点"功能
2	圆 1~圆 6	圆路径扫描至少 500 点，勾选滤波和粗差，滤波参数低通滤波 50UPR	双探针测量圆路径，参考 COOKBOOK
3	圆柱 2、圆柱 3	圆路径扫描至少 145 点，勾选滤波和粗差，滤波参数低通滤波 15UPR	参考 COOKBOOK
4	圆 1~圆 6	圆路径扫描至少 500 点，勾选滤波和粗差，滤波参数低通滤波 50UPR	双探针测量圆路径，参考 COOKBOOK
5	平面 1	4 个单点策略	测点均布
6	平面 2、平面 3	扫描圆路径的策略，步距 0.1 mm，勾选滤波和粗差，滤波参数低通滤波 0.8 mm	参考 COOKBOOK
7	平面 4	调用平面 2 和平面 3 的元素点构造生成	选用"调用元素点"功能

7. 定义特性

(1) 定义"$\phi 9.39 \pm 0.01$"特性。在菜单栏单击"尺寸"→"标准"→"直径",在特性功能标签下出现"直径"图标,双击打开,弹出直径对话框,按照图 3-2-20 所示内容定义"$\phi 9.39 \pm 0.01$"特性。

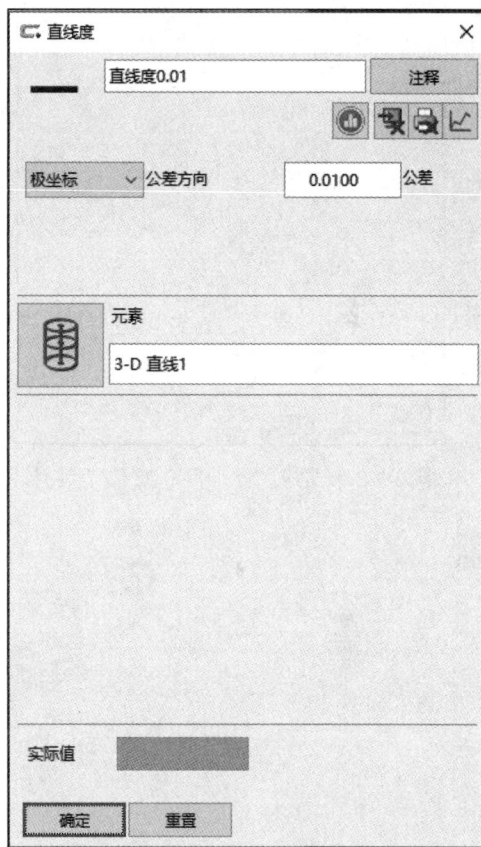

(2) 定义"直线度$\phi 0.01$"特性。在菜单栏单击"形状与位置"→"直线度",在特性功能标签下出现"直线度"图标,双击打开,弹出直线度对话框,按照图 3-2-21 所示内容定义"直线度$\phi 0.01$"特性。

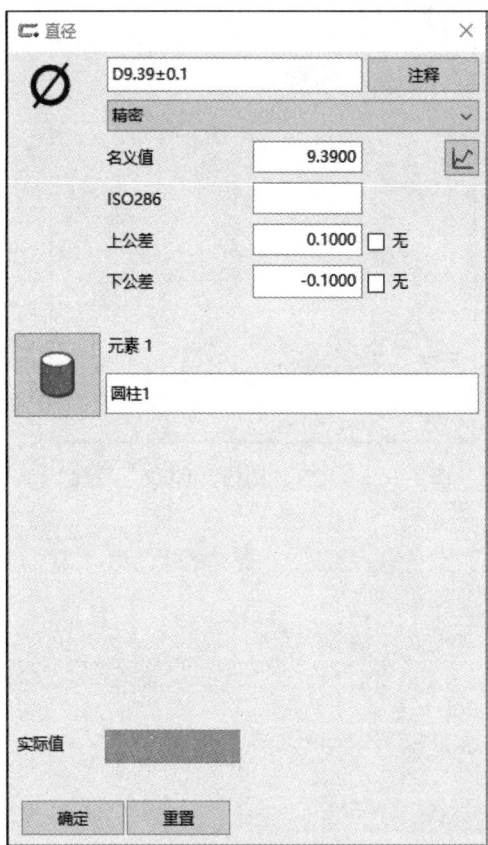

图 3-2-20 定义"$\phi 9.39 \pm 0.01$"特性   图 3-2-21 定义"直线度$\phi 0.01$"特性

(3) 定义"平面度 0.02 CZ"特性。在菜单栏单击"形状与位置"→"平面度",在特性功能标签下出现"平面度"图标,双击打开,弹出平面度对话框,按照图 3-2-22 所示内容定义"平面度 0.02 CZ"特性。

(4) 定义"圆柱度 0.008"特性。在菜单栏单击"形状与位置"→"圆柱度",在特性功能标签下出现"圆柱度"图标,双击打开,弹出圆柱度对话框,按照图 3-2-23 所示内容定义"圆柱度 0.008"特性。

(5) 定义"$2 \times \phi 4_{0}^{+0.012}$"特性。在菜单栏单击"尺寸"→"标准"→"直径",在特性功能标签下出现"直径"图标,双击打开,弹出直径对话框,按照图 3-2-24 所示内容分别定义圆柱 2、圆柱 3 的直径特性。

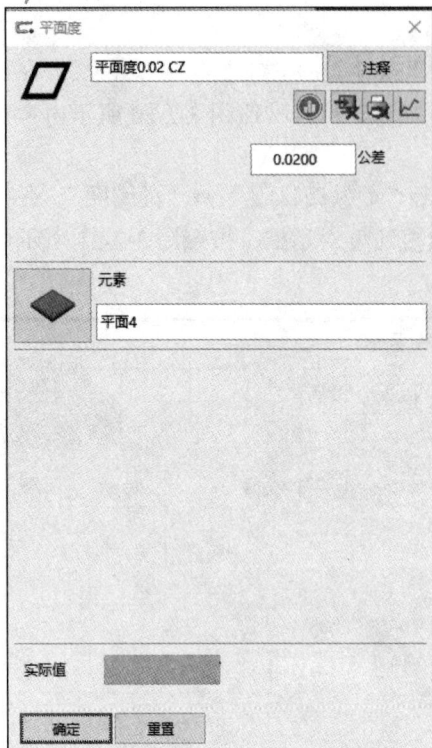

图 3-2-22   定义"平面度 0.02 CZ"特性

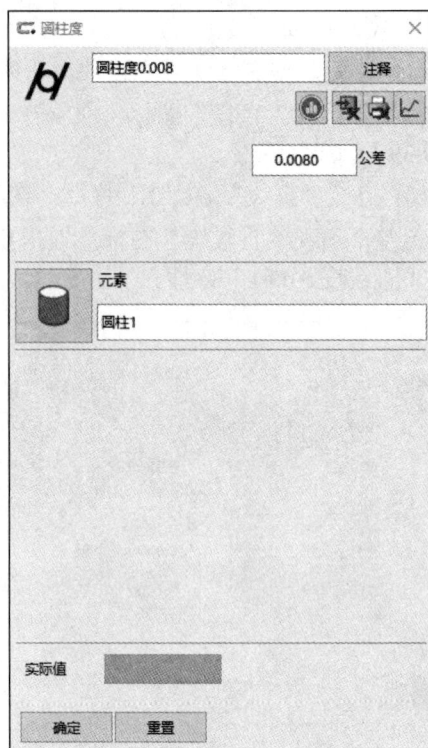

图 3-2-23   定义"圆柱度 0.008"特性

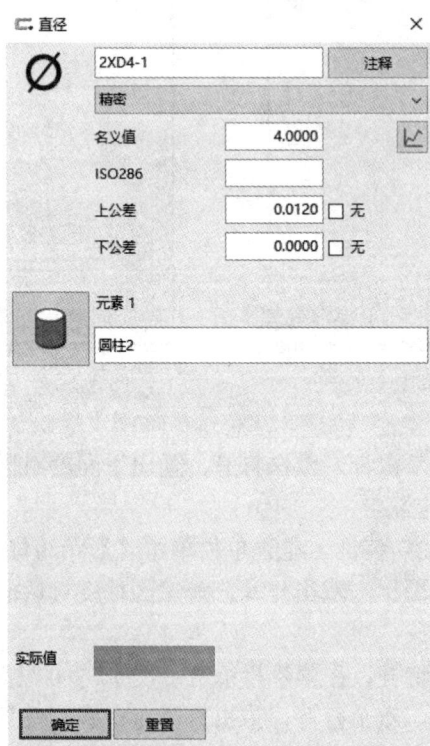

图 3-2-24   定义" $2 \times \phi 4_0^{+0.012}$ "特性

(6) 定义"79±0.02"特性。在菜单栏单击"尺寸"→"距离"→"卡尺距离",在特性功能标签下出现"卡尺距离"图标,双击打开,弹出卡尺距离对话框,按照图 3-2-25 所示内容定义"79±0.02"特性。

图 3-2-25　定义"79±0.02"特性

8. 运行程序及调试

检查安全五项,安全五项参数按照表 3-2-5 所示内容进行设置。

表 3-2-5　安全五项参数设置

序号	元素	安全平面组	安全距离	回退距离	探针	测针
1	平面 1	CP + X	5	5	L58D3	5_A180B90
2	平面 2～平面 3	CP + X	0	5	L58D3	5_A180B90
3	圆 1～圆 6	CP − X/ CP + X	0	5	L58D3	3_A0B90、5_A180B90
4	圆柱 2～圆柱 3	CP + X	0	0.5	L58D3	5_A180B90
5	圆柱 1	—	—	—	—	—
6	平面 4	—	—	—	—	—
7	3D 直线 1	—	—	—	—	—

运行程序前,调节手柄上的速度控制旋钮,将运行速度调到最慢。在菜单栏选择"程序"→"CNC-启动",进入启动测量界面。按照如图 3-2-26 所示顺序进行设置,设置完成后单击"开始"按钮。

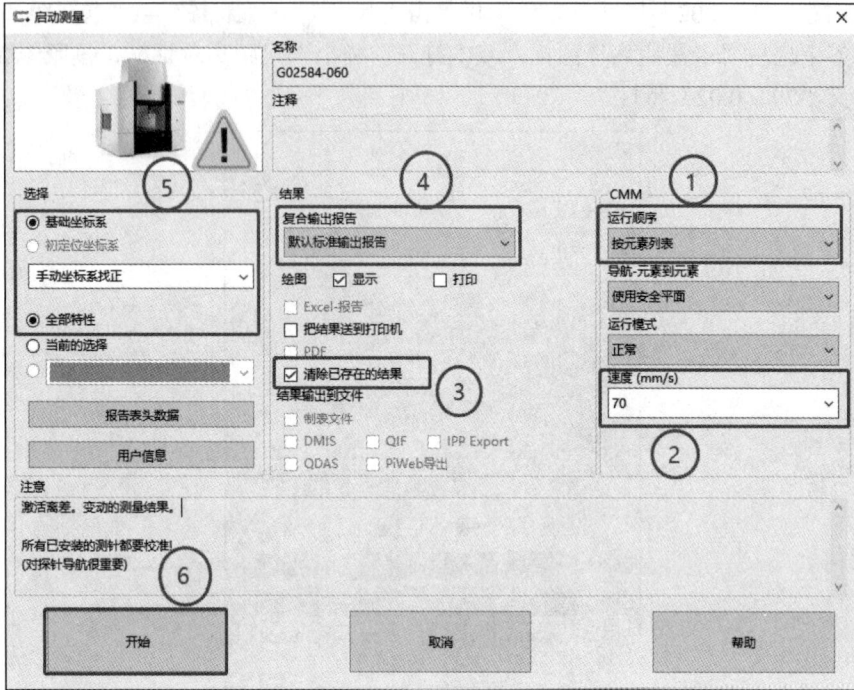

图 3-2-26　启动测量

9. 输出报告

程序运行完成，自动输出如图 3-2-27 所示测量报告。

名称	测量值	名义值	+公差	-公差	偏差	+/-
⌀ D9.39±0.1_圆柱1	9.3869	9.3900	0.1000	-0.1000	-0.0031	
― 直线度0.01	0.0018	0.0000	0.0100	0.0000	0.0018	
▱ 平面度0.02 CZ	0.0149	0.0000	0.0200	0.0000	0.0149	
⌭ 圆柱度0.008	0.0142	0.0000	0.0080	0.0000	0.0142	0.0062
⌀ 2XD4-1	3.9994	4.0000	0.0120	0.0000	-0.0006	-0.0006
⌀ 2XD4-2	4.0068	4.0000	0.0120	0.0000	0.0068	
⟂ 79±0.02_Z	79.0009	79.0000	0.0200	-0.0200	0.0009	

图 3-2-27　测量报告

习　题

1. 圆度误差合格条件是什么？
2. 构造法兰分度圆时，应使用"调用"和"调用元素点"中的哪个功能？
3. 使用多个平面构造得到一个平面，应使用"调用"和"调用元素点"中的哪个功能？
4. 任意方向上直线度的公差带是什么？
5. 图 1 所示圆柱零件的母线直线度如何测量？

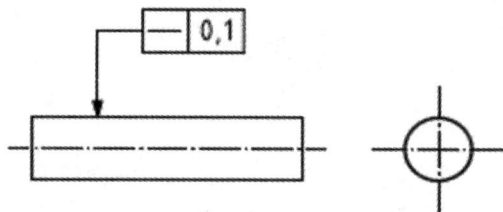

图 1　圆柱零件图纸

6. 完成编写图 2 所示样板尺测量程序，并完成仿真调试。

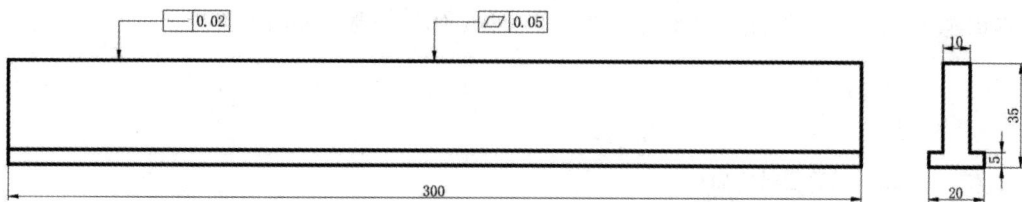

图 2　样板尺零件图纸

项目四

方向误差检测

项目引入

方向公差包括平行度、垂直度、倾斜度、线轮廓度和面轮廓度，本项目要求掌握相关概念的含义，并且会使用三坐标测量机完成相关项目的检测，并出具检测报告。

项目思考

在零件测量编程时，建立基础坐标系使用的元素和方法不是唯一的，要结合图纸标注、零件的加工状况、零件的装夹方案综合考虑，不可死记硬背，要活学活用。

任务一 摇臂检测

摇臂零件图纸如图 4-1-1 所示，该零件包含多项方向误差和尺寸误差检测项目，要求使用三坐标测量机完成相关项目的检测，并出具检测报告。

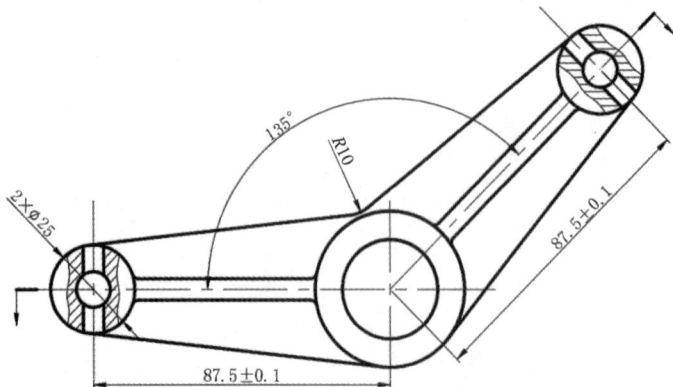

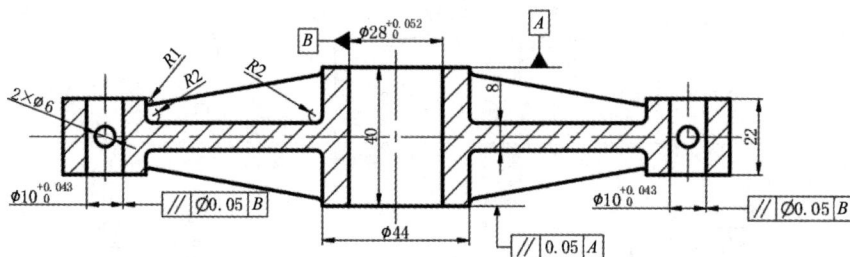

图 4-1-1 摇臂零件图纸

一、任务准备

1. 平行度

(1) 平行度公差。平行度公差的标注及解读如表 4-1-1 所示。

表 4-1-1 平行度公差的标注及解读

形状公差项目	标注示例	识读	解读含义
面对基准面的平行度		上平面对底平面 D 的平行度公差为 0.01 mm	 提取(实际)表面应限定在间距等于 0.01(公差值 t)、平行于基准平面 D 的两平行平面之间
面对基准线的平行度		上平面对孔轴线的平行公差为 0.1 mm	 提取(实际)表面应限定在间距等于 0.01(公差值 t)、平行于基准轴线 C 的两平行平面之间
线对基准面的平行度		孔的轴线对底平面 B 的平行度公差为 0.01 mm	 提取(实际)中心线应限定在平行于基准平面 B、间距等于 0.01(公差值 t)的两平行平面之间

形状公差项目	标 注 示 例	识 读	解 读 含 义
线对基准线的平行度	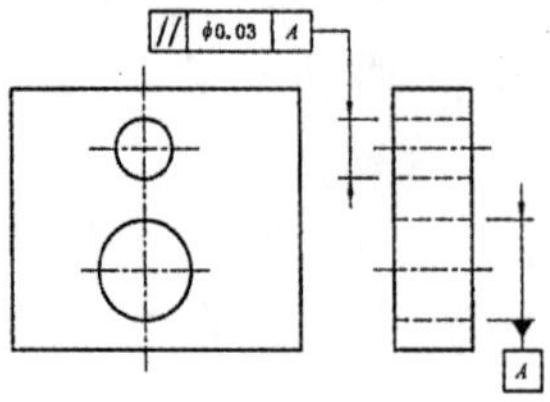	被测孔的轴线对基准孔的轴线 A 的平行度公差为 $\phi\,0.03$ mm。	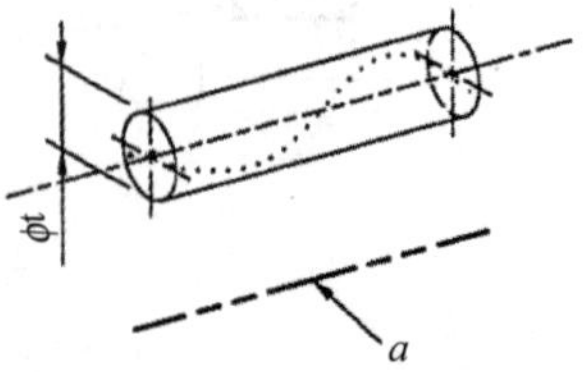 提取(实际)中心线应限定在平行于基准轴线 A、直径等于 $\phi 0.03$(公差值 ϕt)的圆柱面内
线对基准体系的平行度	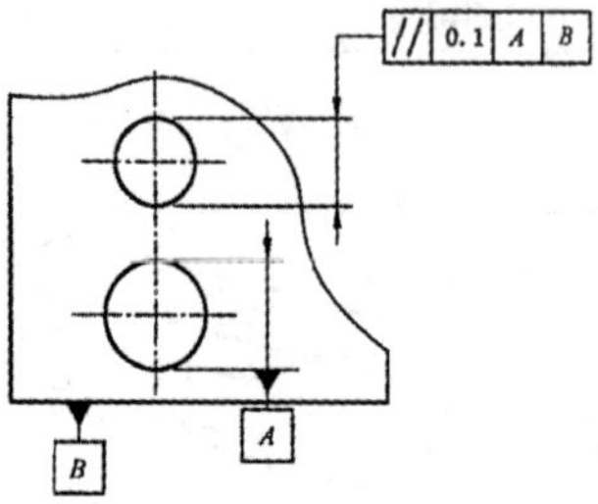	被测孔的轴线对基准孔的轴线 A 和基准平面 B 的平行度公差为 0.1 mm	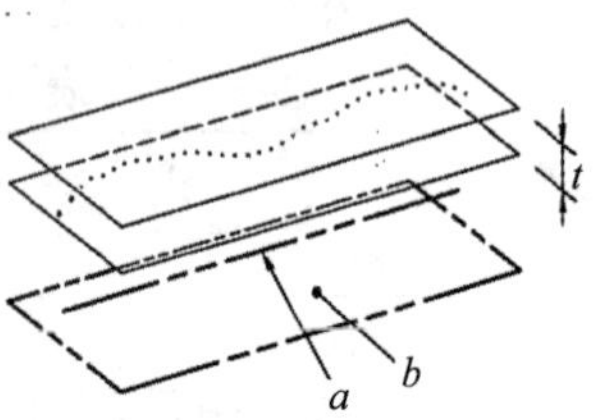 提取(实际)中心线应限定在间距等于 0.1(公差值 t)、平行于基准轴线 A 和基准平面 B 的两平行平面之间
	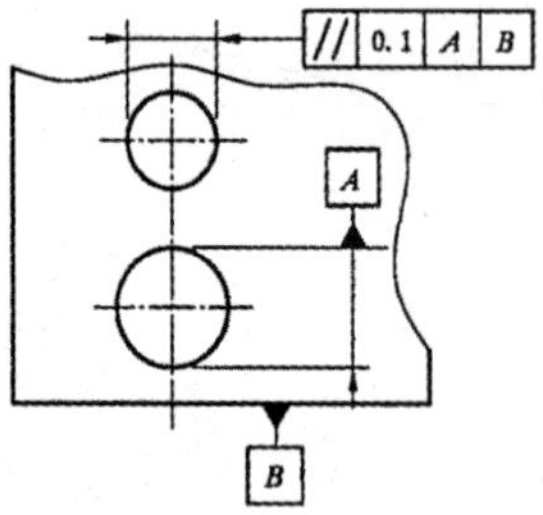	被测孔的轴线对基准孔的轴线 A 和基准平面 B 的平行度公差为 0.1 mm	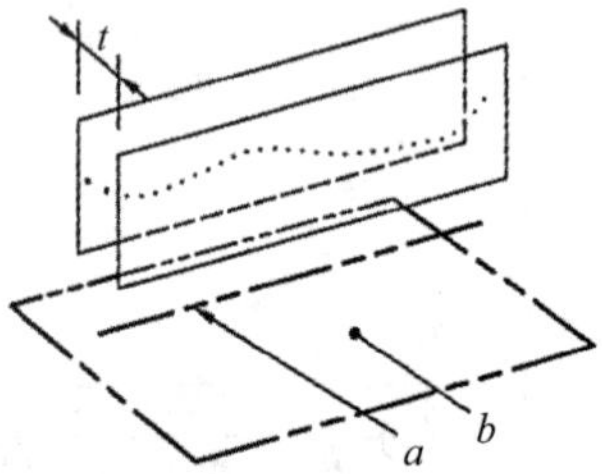 提取(实际)中心线应限定在间距等于 0.1 的两平行平面之间,该两平行平面平行于基准轴线 A 且垂直于基准平面 B

(2) 平行度误差及评价。平行度误差是指实际被测要素相对于理想要素的变动量,合格条件是平行度误差值不大于平行度公差值。

在菜单栏单击"形状与位置"→"平行度",在"特性"功能标签下出现"平行度"图标,双击打开,弹出平行度对话框,平行度对话框各图标含义如图 4-1-2 所示。在平行度对话框"元素"按钮处选择被测平面,并设置基准,修改标识及公差值,即完成平行度误差的评价。

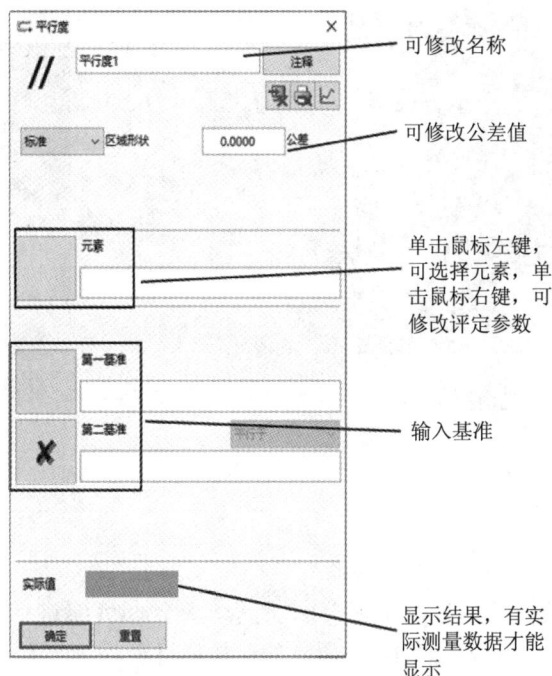

图 4-1-2　平行度对话框

（3）平行度误差数据分析。在"平行度"对话框点击⊙，弹出如图 4-1-3 所示的 PiWeb reporting 对话框，单击"绘图"按钮，弹出如图 4-1-4 所示的 PlotProtocol 绘图报告界面，用于分析该平行度误差数据。

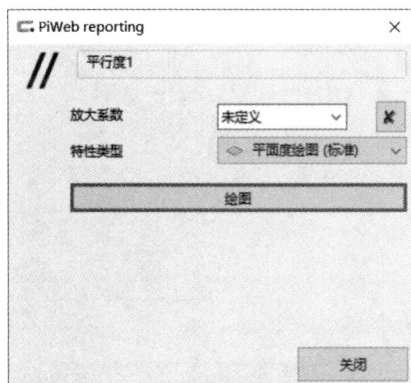

图 4-1-3　PiWeb reporting 对话框

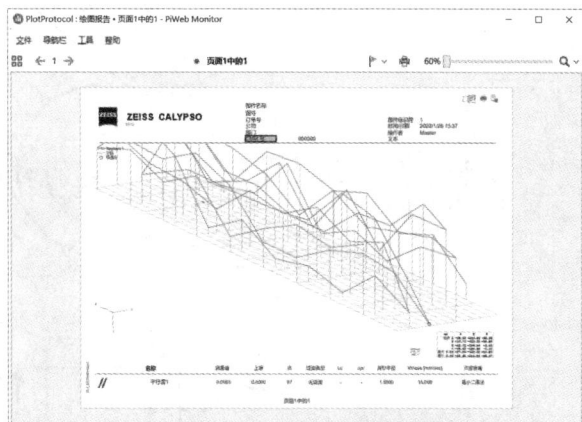

图 4-1-4　PlotProtocol 绘图报告对话框

2. 投影功能

将如图 4-1-5 所示的直线投影到上平面内，其操作方法为在菜单栏单击"构造"→"投影"，在"元素"功能标签下出现一个新的"投影"图标，双击打开，弹出投影对话框，如图 4-1-6 所示，在对话框内分别选择被投影的直线和平面，完成直线投影到上平面内。

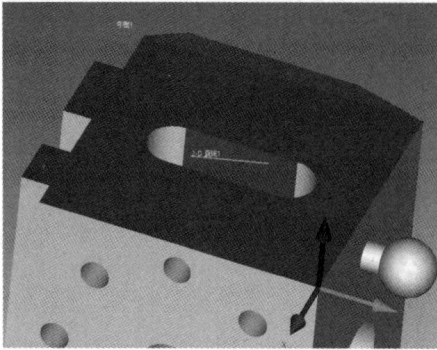

图 4-1-5　未投影之前图示

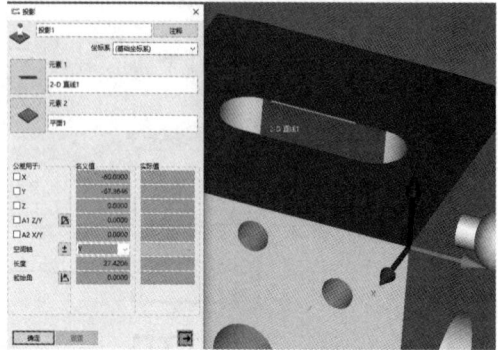

图 4-1-6　投影之后图示

二、任务实施

1. 梳理测量项目

对测量项目进行梳理并编号，如图 4-1-7 所示，对测量元素进行编号，如图 4-1-8 所示，形成如表 4-1-2 所示的测量项目表。

4-1

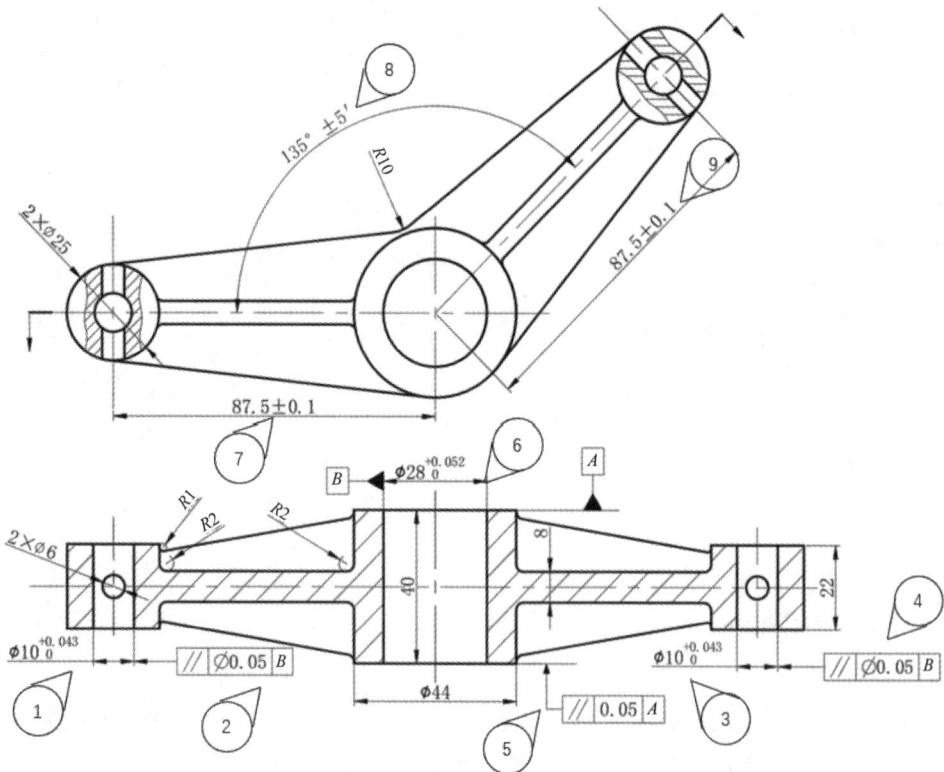

图 4-1-7　测量项目编号

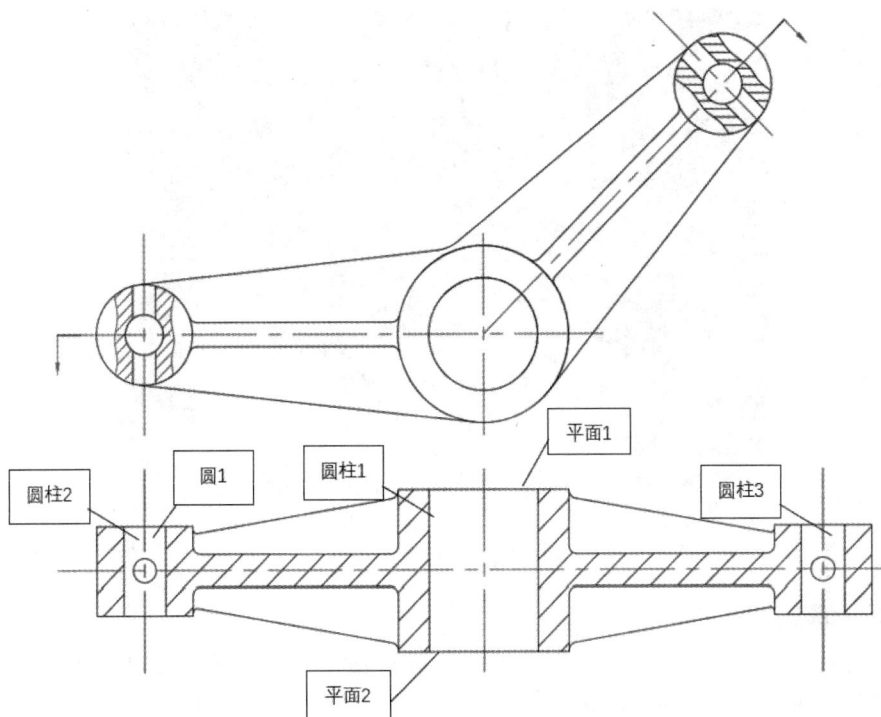

图 4-1-8　测量元素编号

表 4-1-2　测量项目表

序号	测量项目	描述
1	$\phi 10^{+0.043}_{0}$	圆柱 2 直径
2	平行度 ϕ 0.05(基准 B)	圆柱 2 中心轴线对圆柱 1 的平行度
3	$\phi 10^{+0.043}_{0}$	圆柱 3 直径
4	平行度 ϕ 0.05(基准 B)	圆柱 3 中心轴线对圆柱 1 的平行度
5	平行度 0.05(基准 A)	平面 2 对平面 1 的平行度
6	$\phi 28^{+0.052}_{0}$	圆柱 1 的直径
7	87.5 ± 0.1	圆柱 1 到圆柱 2 的距离
8	$135° \pm 5'$	圆柱 2 和圆柱 3 分别与圆柱 1 连线(需要投影的平面 1)的夹角
9	87.5 ± 0.1	圆柱 1 到圆柱 3 的直径

2. 确定装夹方案

结合工件装夹的原则，采用如图 4-1-9 所示的装夹方案，保证一次装夹可完成全部元素的测量。

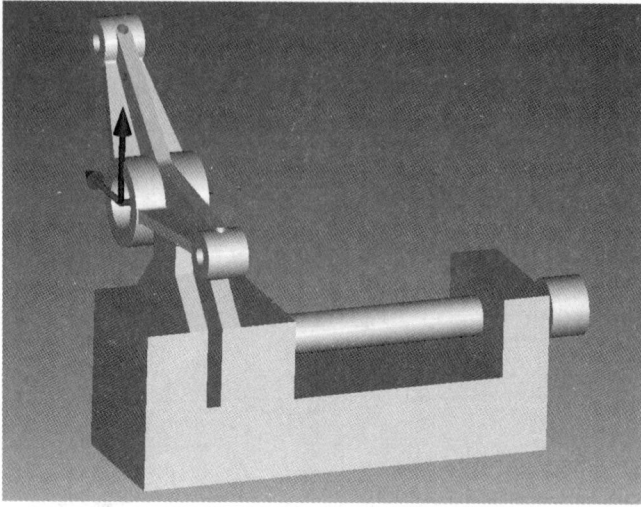

图 4-1-9　工件装夹方案

3. 探针选型与校准

对于带有旋转测座的传感器，可以选择 L58D3 探针，测针选用 3_A0B90/5_A180B90 两个方向，并进行校准。对于固定式传感器，可以选择 3 号、5 号的星型探针结构。本任务以旋转测座的传感器为例进行介绍。

4. 建立基础坐标系

在测量程序功能标签下单击 ，弹出如图 4-1-10 所示的读取建立的或修改的基础坐标系对话框，采用默认设置，单击"确定"按钮，弹出基本坐标系对话框。按照图 4-1-11 所示内容选择对应的元素建立坐标系，建立完成后的坐标系显示如图 4-1-12 所示。

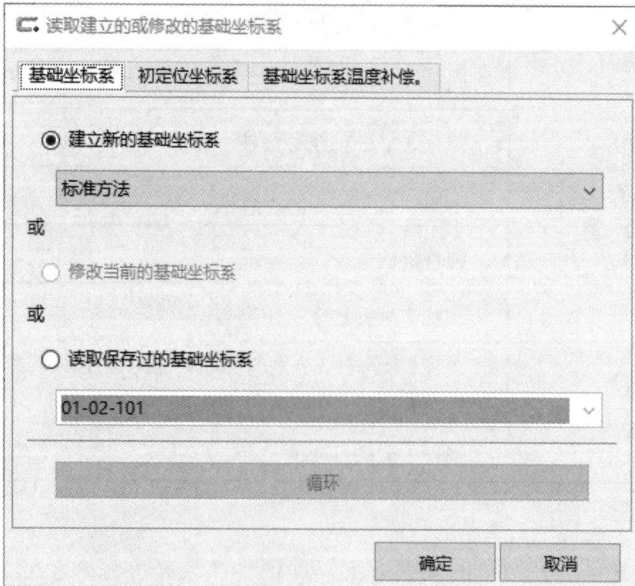

图 4-1-10　读取建立的或修改的基础坐标系对话框

图 4-1-11　建立坐标系

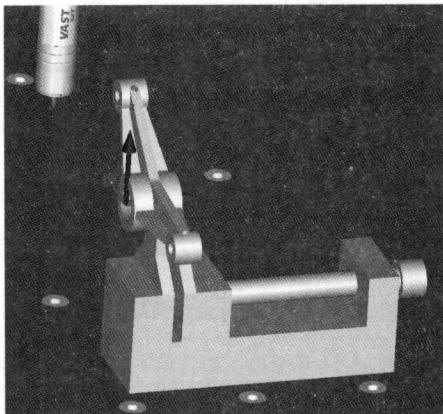

图 4-1-12　坐标系显示

5. 创建安全平面

在测量程序功能标签下单击 ，弹出如图 4-1-13 所示的安全平面对话框，单击"从 CAD 模型提前安全平面"按钮，在弹出的边界距离对话框中采用默认值 10 mm。单击"确定"按钮，完成安全平面的创建。

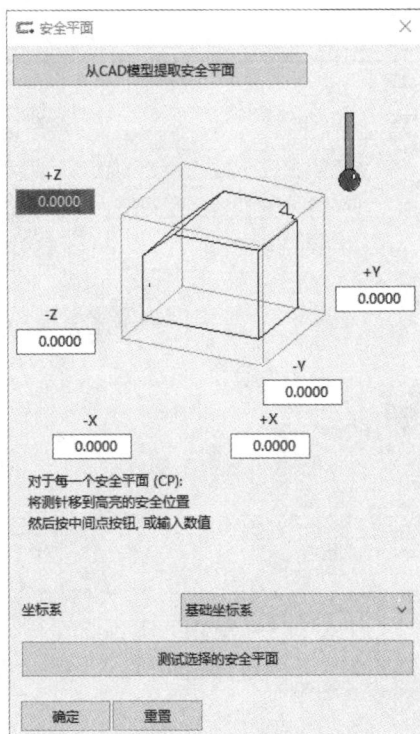

图 4-1-13　安全平面对话框

6. 定义元素及策略

按照图 4-1-6 测量元素编号依次定义元素，各元素按照表 4-1-3 进行测量策略及评定设置。

表 4-1-3　测量策略及评定设置

序号	元素	测量策略及评定设置	备　注
1	圆柱 1～圆柱 3	两层圆路径扫描探测，每层至少 500 点，勾选滤波和粗差	尽可能测量圆柱的最大范围
2	圆 1	圆路径单点探测，4 个	
3	平面 1、平面 2	平面上的环形路径扫描，步距 0.1 mm，滤波波长 0.8 mm，勾选滤波和粗差	
4	3D 直线 1	调用圆柱 1 和圆柱 2 的几何中心构成	选用"调用"功能
5	3D 直线 2	调用圆柱 1 和圆柱 3 的几何中心构成	选用"调用"功能
6	投影 1	将 3D 直线 1 投影到平面 1	
7	投影 2	将 3D 直线 2 投影到平面 1	

7. 定义特性

(1) 定义" $\phi 10_{0}^{+0.043}$ "特性。在菜单栏单击"尺寸"→"标准"→"直径"，在"特性"功能标签下出现直径图标，双击打开，弹出直径对话框，按照图 4-1-14 所示内容定义" $\phi 10_{0}^{+0.043}$ "特性。

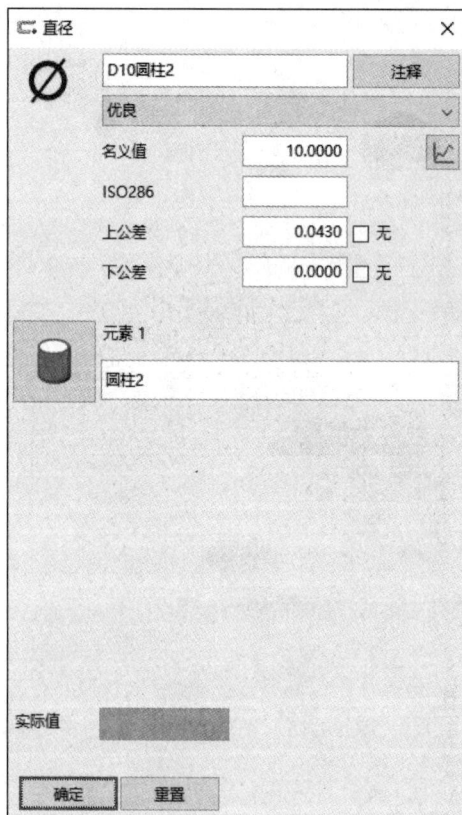

图 4-1-14　定义" $\phi 10_{0}^{+0.043}$ "特性

(2) 定义"平行度 $\phi 0.05$ (基准 B)"特性。在菜单栏单击"形状与位置"→"平行度"，在特性功能标签下出现"平行度"图标，双击打开，弹出平行度对话框，按照图 4-1-15 所示内容定义"平行度 $\phi 0.05$ (基准 B)"特性。

(3) 定义" $\phi 10_{0}^{+0.043}$ "特性。在菜单栏单击"尺寸"→"标准"→"直径"，在特性功能标签下出现"直径"图标，双击打开，弹出直径对话框，按照图 4-1-16 所示内容定义" $\phi 10_{0}^{+0.043}$ "特性。

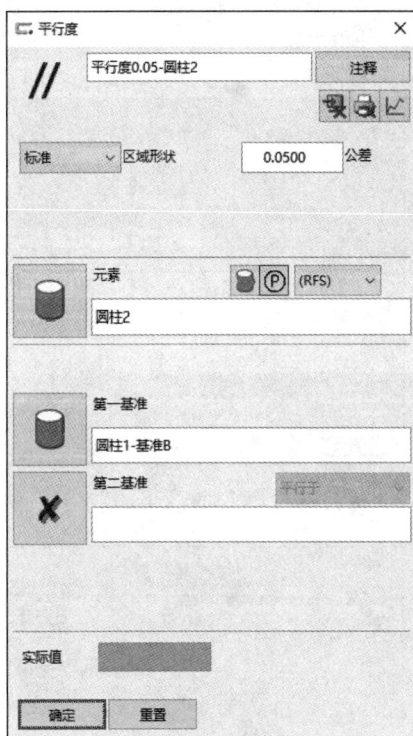

图 4-1-15 定义"平行度 $\phi 0.05$ (基准 B)"特性

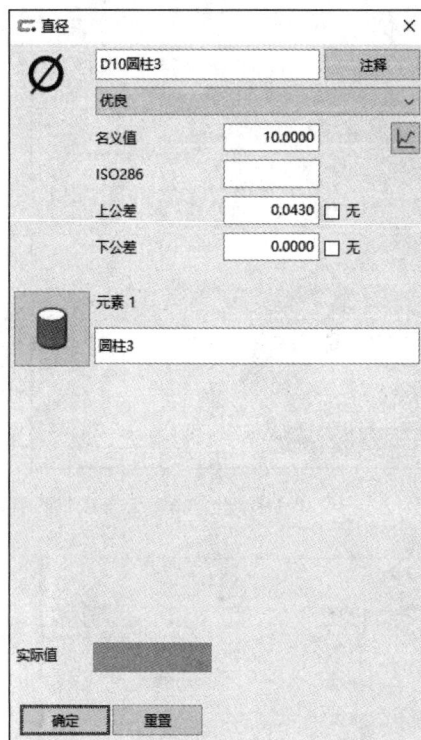

图 4-1-16 定义" $\phi 10_{0}^{+0.043}$ "特性

(4) 定义"平行度 $\phi 0.05$ (基准 B)"特性。在菜单栏单击"形状与位置"→"平行度"，在特性功能标签下出现"平行度"图标，双击打开，弹出平行度对话框，按照图 4-1-17 所示内容定义"平行度 $\phi 0.05$ (基准 B)"特性。

(5) 定义"平行度 0.05(基准 A)"特性。在菜单栏单击"形状与位置"→"平行度"，在特性功能标签下出现"平行度"图标，双击打开，弹出平行度对话框，按照图 4-1-18 所示内容定义"平行度 0.05(基准 A)"特性。

(6) 定义" $\phi 28_{0}^{+0.052}$ "特性。在菜单栏单击"尺寸"→"标准"→"直径"，在特性功能标签下出现"直径"图标，双击打开，弹出直径对话框，按照图 4-1-19 所示内容定义" $\phi 28_{0}^{+0.052}$ "特性。

(7) 定义"87.5±0.1"特性。在菜单栏单击"尺寸"→"标准"→"极半径"，在特性功能标签下出现"极半径"图标，双击打开，弹出极半径对话框，按照图 4-1-20 所示内容定义"87.5±0.1"特性。

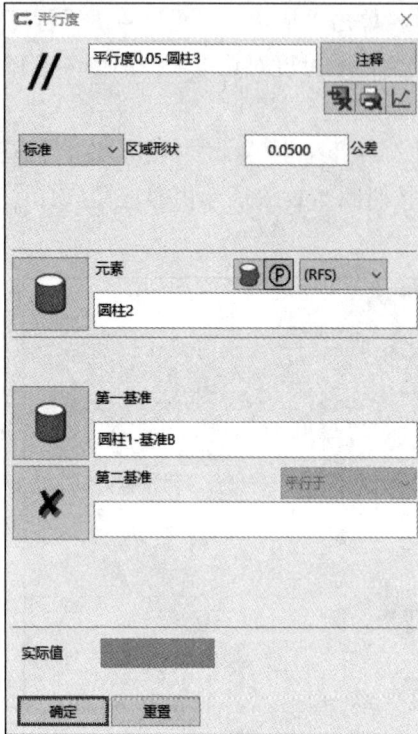

图 4-1-17　定义"平行度 ϕ 0.05(基准 B)"特性

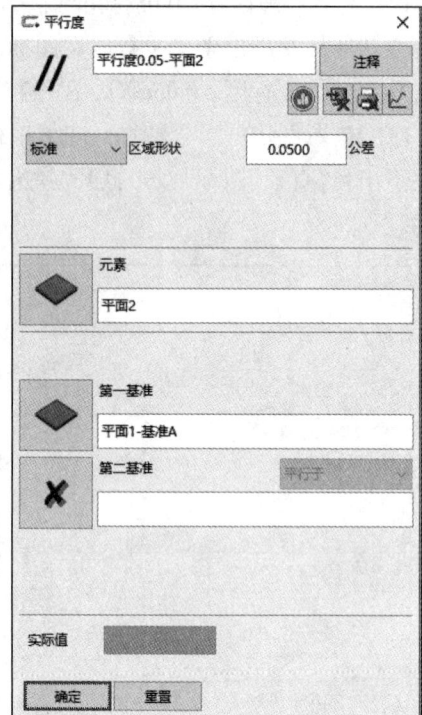

图 4-1-18　定义"平行度 0.05(基准 A)"特性

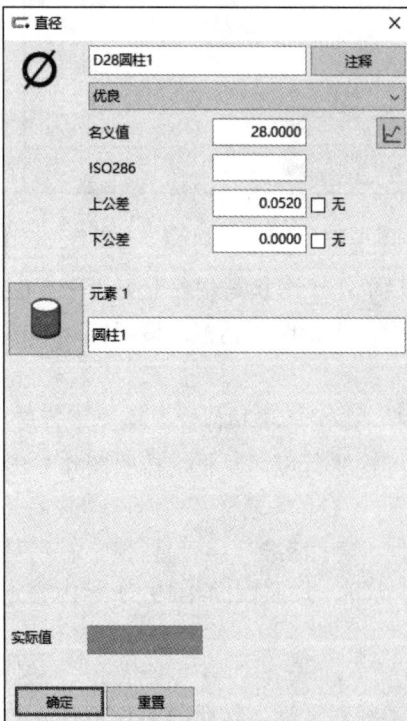

图 4-1-19　定义" $\phi 28_0^{+0.052}$ "特性

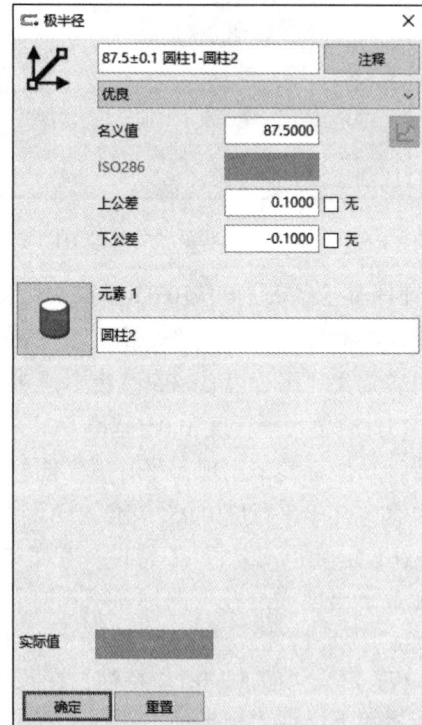

图 4-1-20　定义"87.5 ± 0.1"特性

（8）定义"135°±5′"特性。在菜单栏单击"形状与位置"→"元素夹角"，在特性功能标签下出现"元素夹角"图标，双击打开，弹出元素夹角对话框，按照图 4-1-21 所示内容定义"135°±5′"特性。

（9）定义"87.5±0.1"特性。在菜单栏单击"尺寸"→"标准"→"极半径"，在特性功能标签下出现"极半径"图标，双击打开，弹出极半径对话框，按照图 4-1-22 所示内容定义"87.5±0.1"特性。

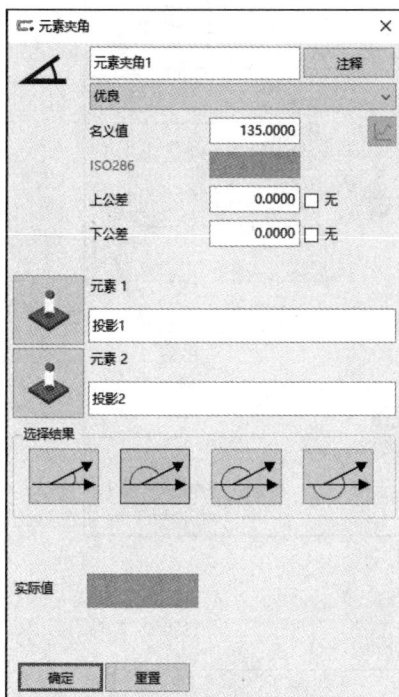

图 4-1-21　定义"135°±5′"特性

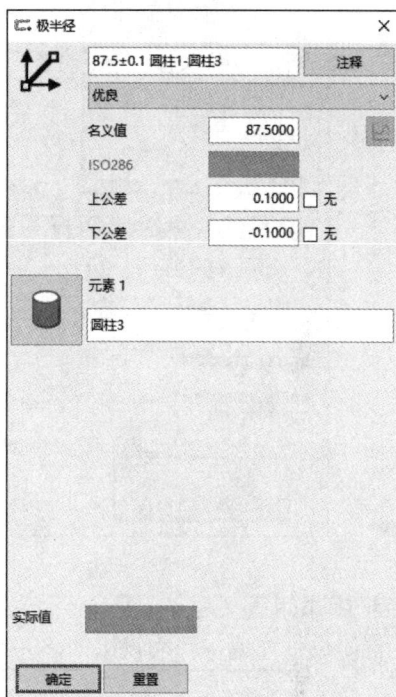

图 4-1-22　定义"87.5±0.1"特性

8. 运行程序及调试

检查安全五项，安全五项参数按照表 4-1-4 所示内容进行设置。

表 4-1-4　安全五项参数设置

序号	元素	安全平面组	安全距离	回退距离	探针	测针
1	圆柱 1～圆柱 3	CP－X	0	5	L58D3	3_A0B90
2	圆 1	CP－X	0	5	L58D3	3_A0B90
3	平面 1	CP－X	0	5	L58D3	3_A0B90
4	平面 2	CP＋X	0	5	L58D3	5_A180B90
5	3D 直线 1	—	—	—	—	—
6	3D 直线 2	—	—	—	—	—
7	投影 1	—	—	—	—	—
8	投影 2	—	—	—	—	—

运行程序前，调节手柄上的速度控制旋钮，将运行速度调到最慢。在菜单栏选择"程序"→"CNC-启动"，进入启动测量界面。按照如图 4-1-23 所示顺序进行设置，设置完成后单击"开始"按钮。

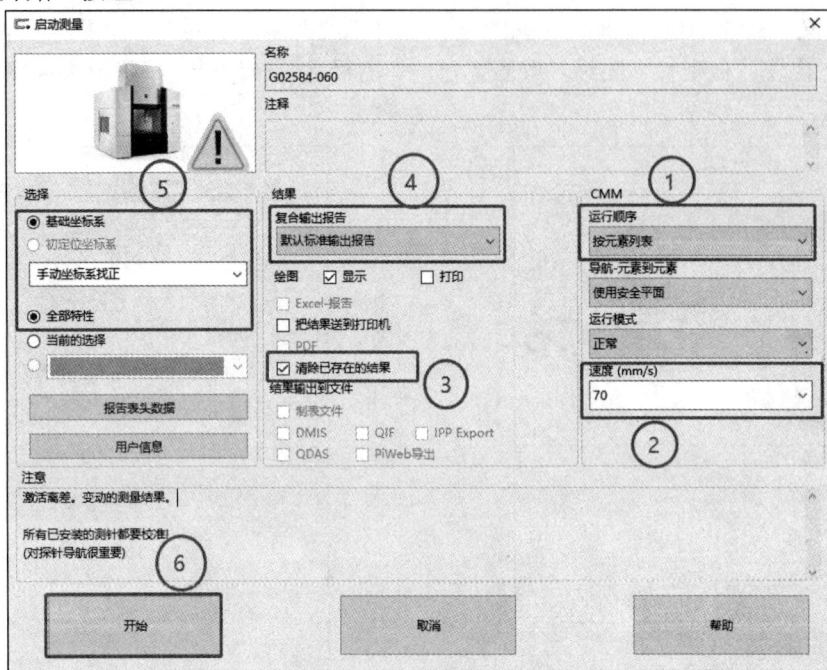

图 4-1-23　启动测量

9. 输出报告

程序运行完成，自动输出如图 4-1-24 所示测量报告。

图 4-1-24　测量报告

任务二　转接座检测

　　转接座零件图纸如图 4-2-1 所示，该零件包含多项方向误差和尺寸误差检测项目，要求使用三坐标测量机完成相关项目的检测，并出具检测报告。

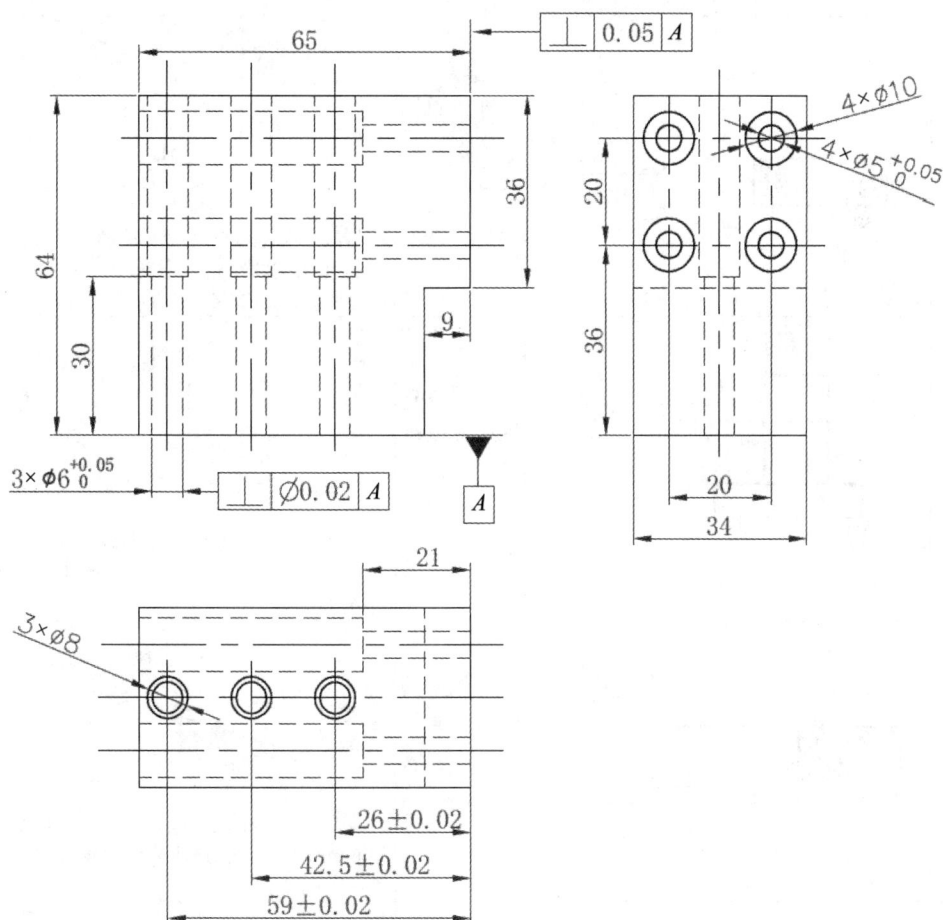

图 4-2-1　转接座零件图纸

一、任务准备

1. 垂直度

(1) 垂直度公差。垂直度公差的标注及解读如表 4-2-1 所示。

表 4-2-1 垂直度公差的标注及解读

形状公差项目	标注示例	识读	解读含义
面对基准面的垂直度	⊥ 0.08 A ; A	被测平面对底面 A 的垂直度公差为 0.08 mm	提取(实际)表面应限定在间距等于 0.08 mm(公差值 t)、垂直于基准平面 A 的两平行平面之间
面对基准线的垂直度	A ; ⊥ 0.08 A	平面对圆柱轴线 A 的垂直度公差为 0.08 mm	提取(实际)表面应限定在间距等于 0.08 mm(公差值 t)的两平行平面之间,该两平行平面垂直于基准轴线 A
线对基准面的垂直度	⊥ $\phi 0.01$ A ; A	被测圆柱轴线对基准面 A 的垂直度公差为 $\phi 0.01$ mm	圆柱面的提取(实际)中心线应限定在直径等于 $\phi 0.01$ mm(公差值 ϕt)、垂直于基准平面 A 的圆柱面内
线对基准线的垂直度	⊥ 0.06 A ; A	被测孔的轴线对基准线 A 的垂直度公差为 0.06 mm	提取(实际)中心线应限定在间距等于 0.06 mm(公差值 t)、垂直于基准轴线 A 的两平行平面之间
线对基准体系的垂直度	⊥ 0.2 A B ; B ; ⊥ 0.1 A B ; A	被测圆柱的轴线对基准体系的垂直度公差分别为 0.1 mm 和 0.2 mm	圆柱的提取(实际)中心线应限定在间距分别等于 0.1 mm(公差值 t_1)和 0.2 mm(公差值 t_2),且相互垂直的两组平行平面内。该两组平行平面垂直于基准平面 A 且垂直于垂直或平行于基准平面 B

(2) 垂直度误差及评价。垂直度误差是指实际被测要素相对于理想要素的变动量，合格条件是垂直度误差值不大于垂直度公差值。

在菜单栏单击"形状与位置"→"垂直度"，在特性功能标签下出现"垂直度"图标，双击打开，弹出垂直度对话框，垂直度对话框各图标含义如图 4-2-2 所示。在垂直度对话框"元素"按钮处选择被测元素，并设置基准，修改标识及公差值，即完成垂直度误差的评价。

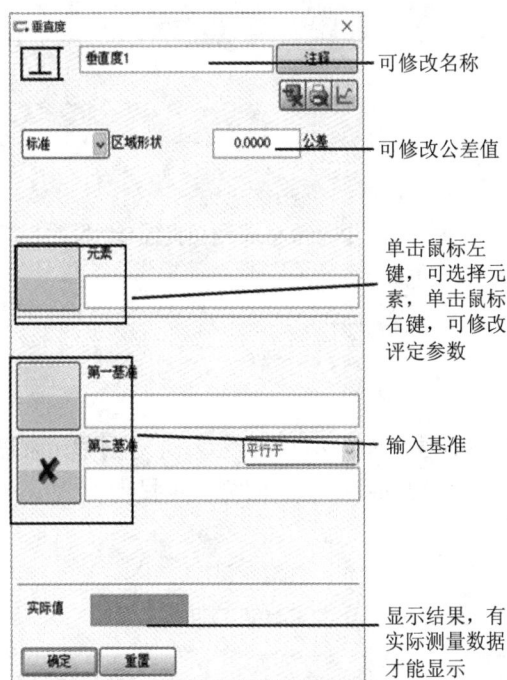

图 4-2-2　垂直度对话框

(3) 垂直度误差数据分析。在垂直度对话框点击 ，弹出如图 4-2-3 所示的 PiWeb reporting 对话框，单击"绘图"按钮，弹出如图 4-2-4 所示的 PlotProtocol 绘图报告界面，用于分析该倾斜度误差数据。

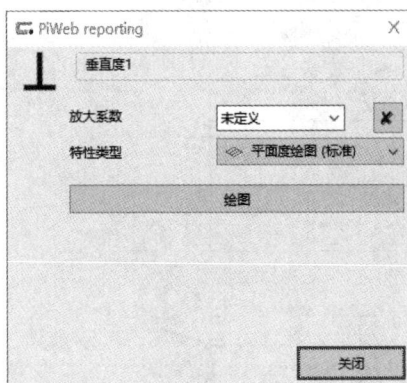

图 4-2-3　PiWeb reporting 对话框

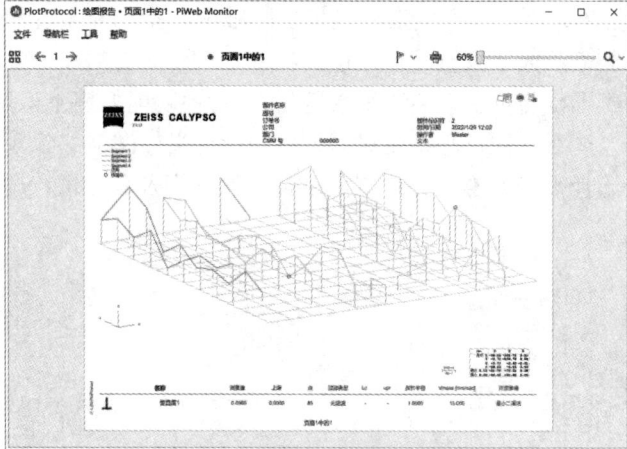

图 4-2-4　PlotProtocol 绘图报告对话框

二、任务实施

1. 梳理测量项目

对测量项目进行梳理并编号，如图 4-2-5 所示，并对测量元素进行编号，如图 4-2-6 所示，形成如表 4-2-2 所示的测量项目表。

4-2

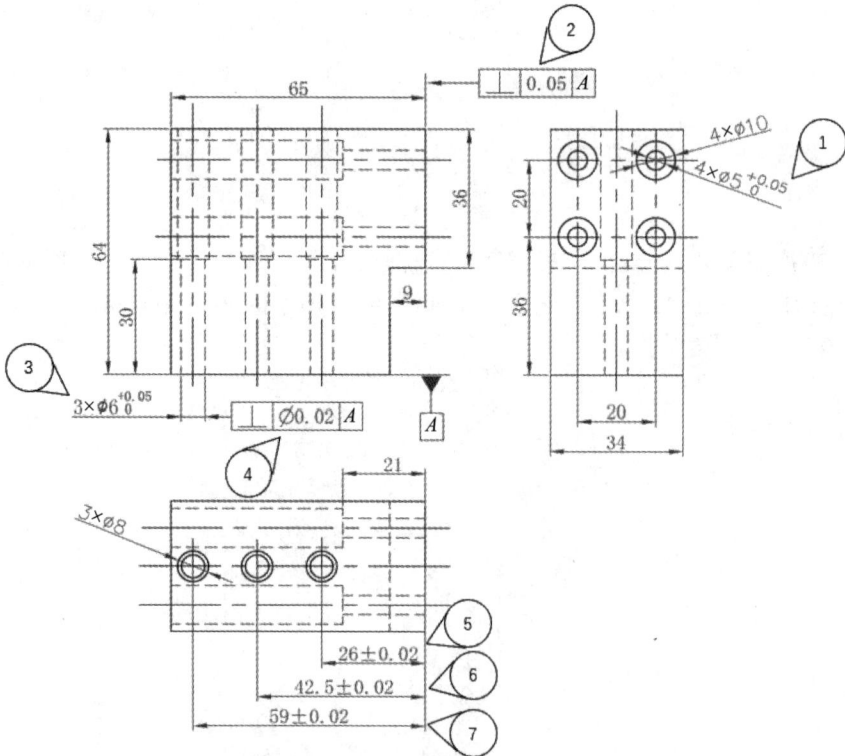

图 4-2-5　测量项目编号

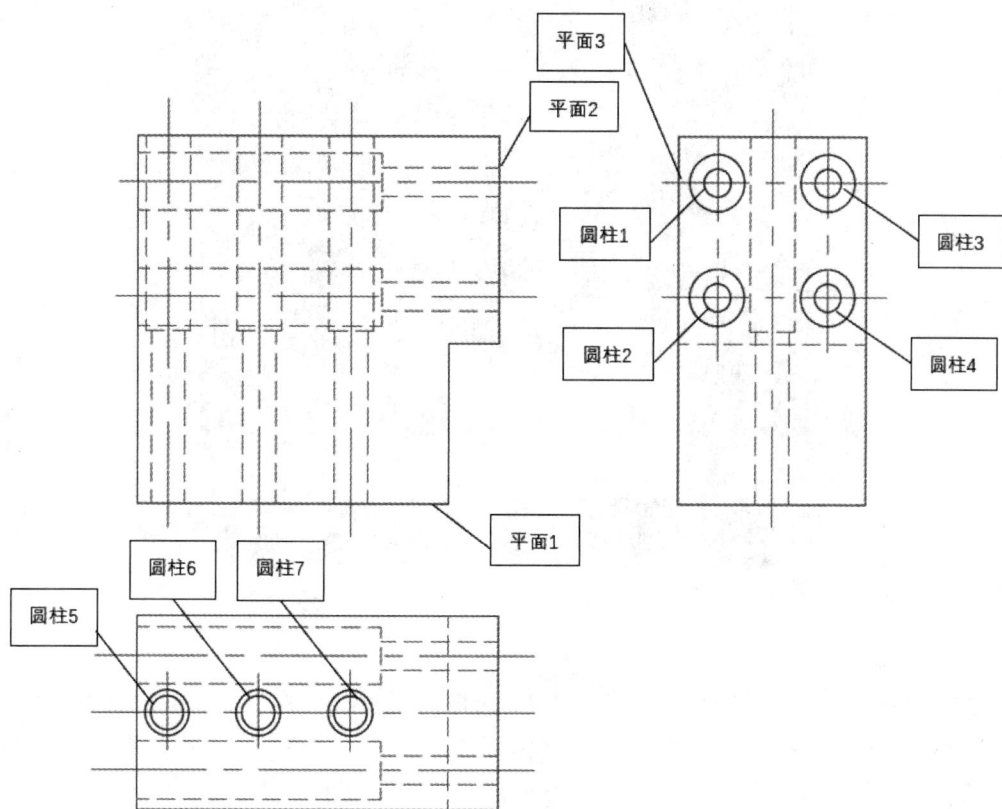

图 4-2-6　测量元素编号

表 4-2-2　测量项目表

序号	测量项目	描　　　述
1	$4 \times \phi 5_{0}^{+0.05}$	圆柱 1、圆柱 2、圆柱 3、圆柱 4 的直径
2	垂直度 0.05(基准 A)	平面 2 对平面 1(基准 A)的垂直度 0.05
3	$3 \times \phi 6_{0}^{+0.05}$	圆柱 5、圆柱 6、圆柱 7 直径
4	垂直度 ϕ 0.02(基准 A)	圆柱 5、圆柱 6、圆柱 7 的轴线对平面 1(基准 A)的垂直度 $\emptyset$0.02
5	26 ± 0.02	圆柱 7 到平面 2 的距离
6	42.5 ± 0.02	圆柱 6 到平面 2 的距离
7	59 ± 0.02	圆柱 5 到平面 2 的距离

2. 确定装夹方案

结合工件装夹的原则，采用如图 4-2-7 所示的装夹方案，保证一次装夹可完成全部元素的测量。

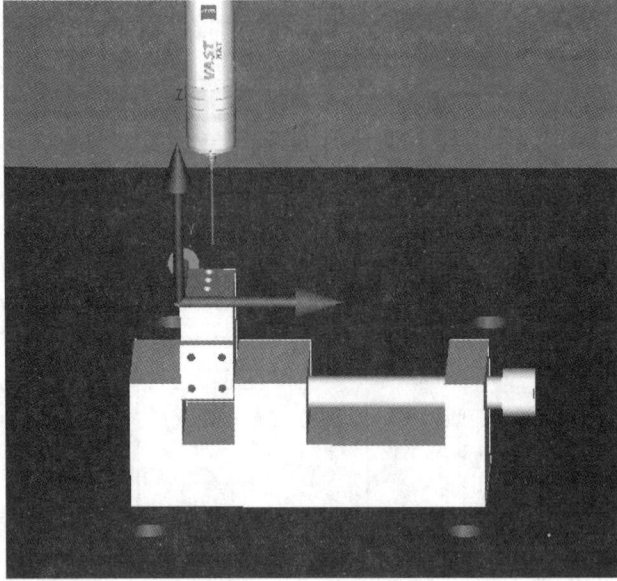

图 4-2-7　工件装夹方案

3. 探针选型与校准

对于带有旋转测座的传感器，可以选择 L58D3 探针，测针选用 1_A0B0、2_A-90B90、3_A0B90 三个方向，并进行校准。对于固定式传感器，可以选择1号、2号、3 号的星型探针结构。本任务中以旋转测座的传感器为例进行介绍。

4. 建立基础坐标系

在测量程序功能标签下单击 ，弹出如图 4-2-8 所示的读取建立的或修改的基础坐标系对话框，采用默认设置，单击"确定"按钮，弹出基本坐标系对话框。按照如图 4-2-9 所示内容选择对应的元素建立坐标系，建立完成后的坐标系显示如图 4-2-10 所示。

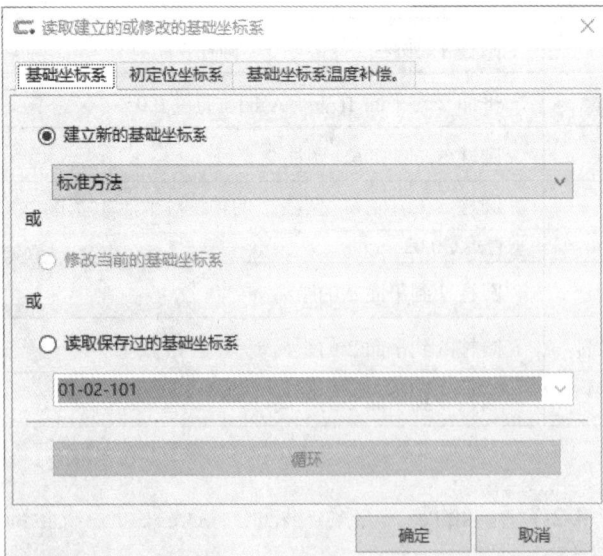

图 4-2-8　读取建立的或修改的基础坐标系对话框

图 4-2-9　建立坐标系

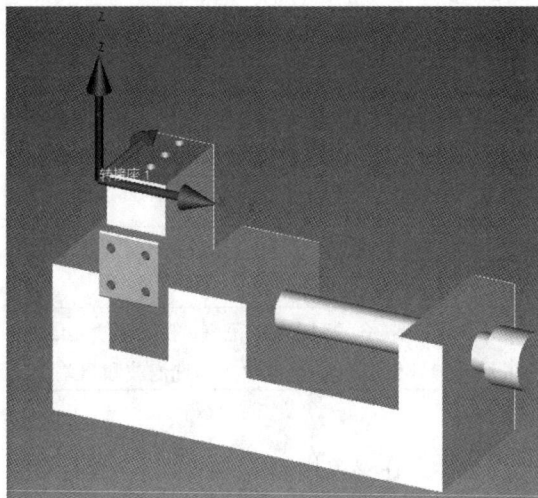

图 4-2-10　坐标系显示

5. 创建安全平面

在测量程序功能标签下单击 ，弹出如图 4-2-11 所示的安全平面对话框，单击"从 CAD 模型提前安全平面"按钮，在弹出的边界距离对话框中设置默认值 10 mm。单击"确定"按钮，完成安全平面的创建。

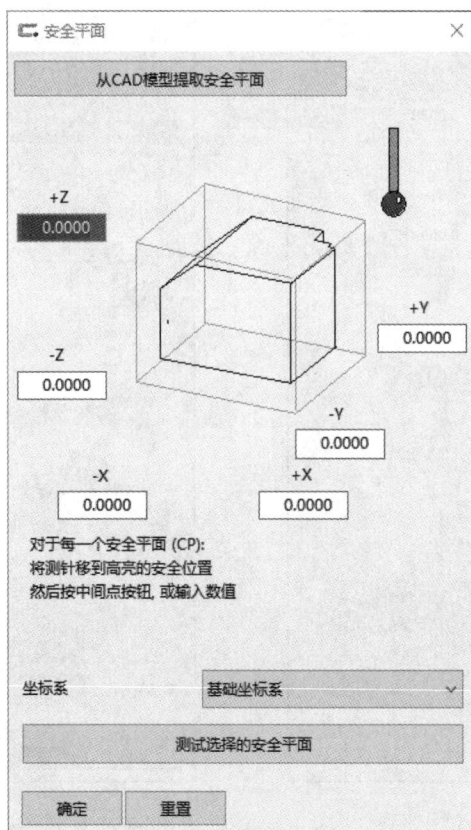

图 4-2-11　安全平面对话框

6. 定义元素及策略

按照图 4-2-6 测量元素编号依次定义元素，各元素按照表 4-2-3 进行测量策略及评定设置。

表 4-2-3　测量策略及评定设置

序号	元素	测量策略及评定设置	备　注
1	平面 1～平面 3	多义线扫描策略，步距 0.1 mm，勾选滤波和粗差，滤波波长 0.8 mm	参考 COOKBOOK
2	圆柱 1～圆柱 7	5 层圆路径，每层 400°范围，扫描至少 145 点，滤波参数低通滤波 15UPR，勾选滤波和粗差	参考 COOKBOOK

7. 定义特性

(1) 定义" $4\times\phi5_0^{+0.05}$ "特性。在菜单栏单击"尺寸"→"标准"→"直径"，在特性功能标签下出现"直径"图标，双击打开，弹出直径对话框，按照图 4-2-12 所示内容分别定义圆柱 1、圆柱 2、圆柱 3、圆柱 4 的直径特性。

(2) 定义"垂直度 0.05(基准 A)"特性。在菜单栏单击"形状与位置"→"垂直度"，在特性功能标签下出现"垂直度"图标，双击打开，弹出垂直度对话框，按照图 4-2-13 所示内容定义"垂直度 0.05(基准 A)"特性。

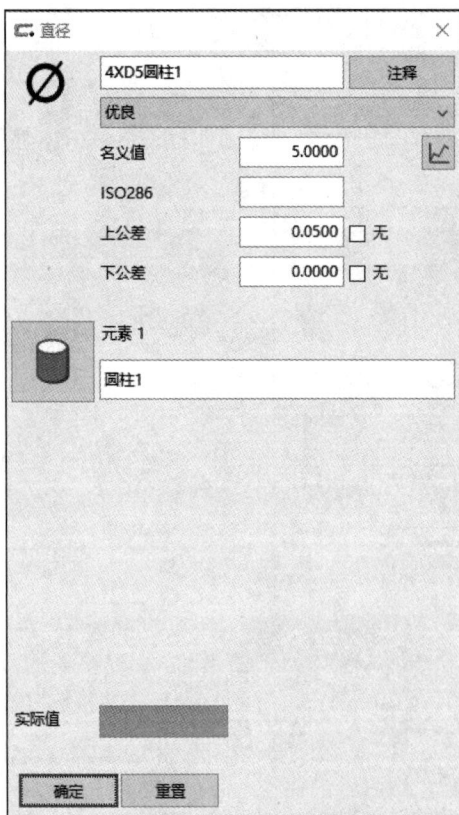

图 4-2-12　定义" $4\times\phi5_0^{+0.05}$ "特性

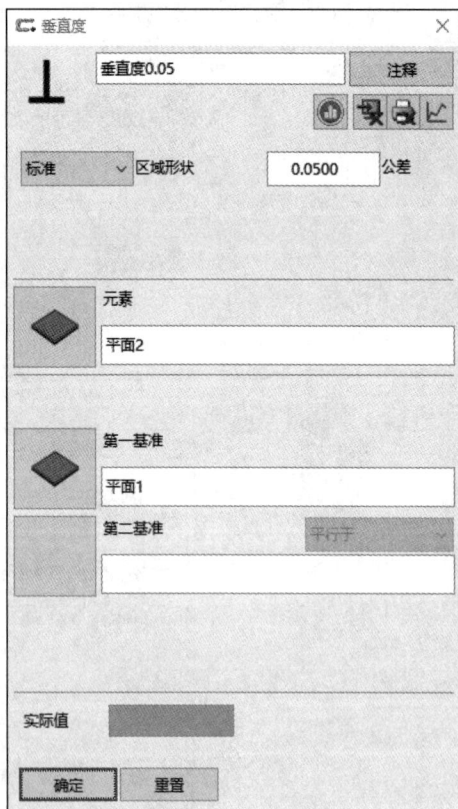

图 4-2-13　定义"垂直度 0.05(基准 A)"特性

(3) 定义"$3\times\phi6_0^{+0.05}$"特性。在菜单栏单击"尺寸"→"标准"→"直径",在特性功能标签下出现"直径"图标,双击打开,弹出直径对话框,按照图 4-2-14 所示内容分别定义圆柱 5、圆柱 6、圆柱 7 的直径特性。

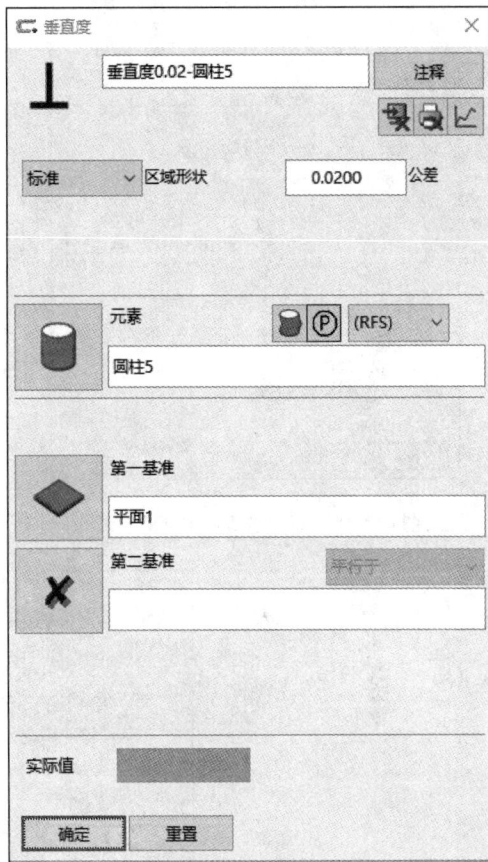

(4) 定义"垂直度 ϕ 0.02(基准 A)"特性。在菜单栏单击"形状与位置"→"垂直度",在特性功能标签下出现"垂直度"图标,双击打开,弹出垂直度对话框,按照图 4-2-15 所示内容定义"垂直度 ϕ 0.02(基准 A)"特性。

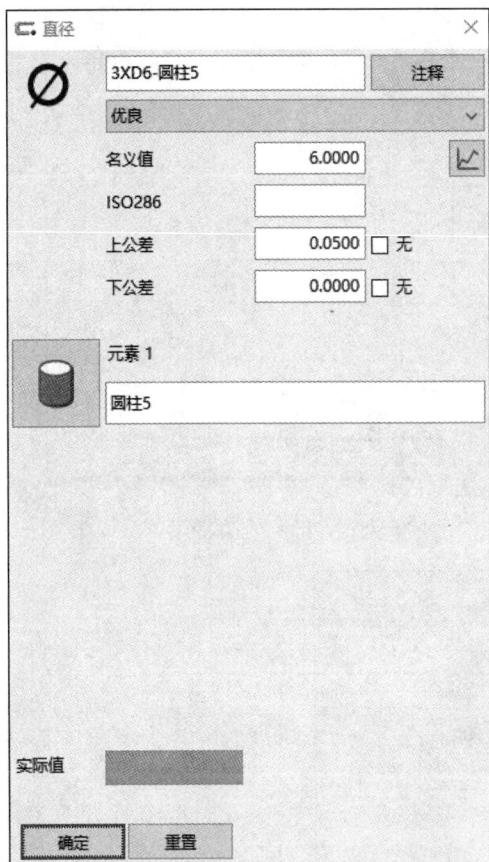

图 4-2-14　定义"$3\times\phi6_0^{+0.05}$"特性　　图 4-2-15　定义"垂直度 ϕ 0.02(基准 A)"特性

(5) 定义"26 ± 0.02"特性。在菜单栏单击"尺寸"→"标准"→"Y",在特性功能标签下出现"Y"图标,双击打开,弹出 Y-值对话框,按照图 4-2-16 所示内容定义"26 ± 0.02"特性。

(6) 定义"42.5 ± 0.02"特性。在菜单栏单击"尺寸"→"标准"→"Y",在特性功能标签下出现"Y"图标,双击打开,弹出 Y-值对话框,按照图 4-2-17 所示内容定义"42.5 ± 0.02"特性。

(7) 定义"59 ± 0.02"特性。在菜单栏单击"尺寸"→"标准"→"Y",在特性功能标签下出现"Y"图标,双击打开,弹出 Y-值对话框,按照图 4-2-18 所示内容定义"59 ± 0.02"特性。

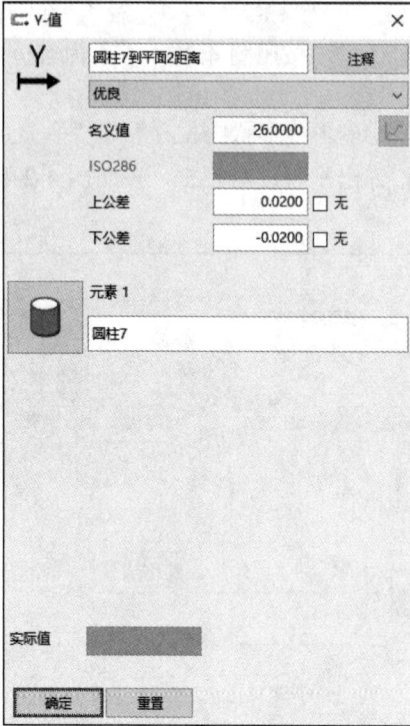

图 4-2-16　定义"26±0.02"特性

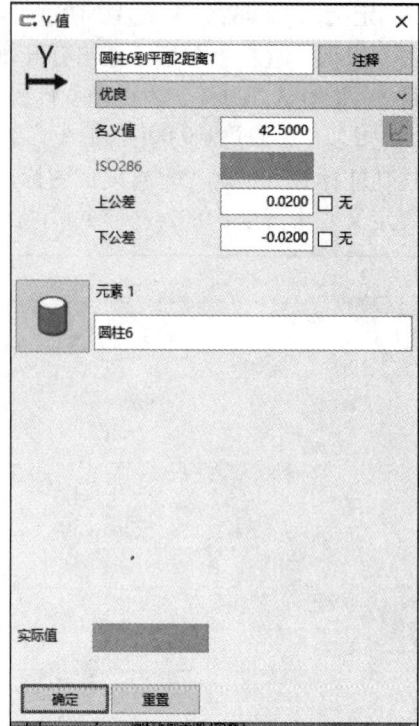

图 4-2-17　定义"42.5±0.02"特性

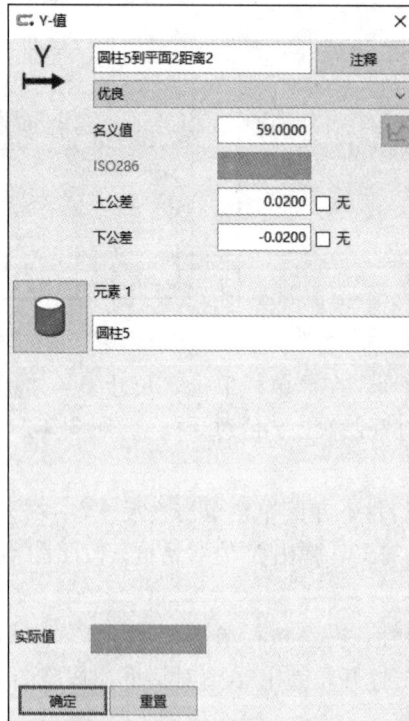

图 4-2-18　定义"59±0.02"特性

8. 运行程序及调试

检查安全五项，安全五项参数按照表 4-2-4 所示内容进行设置。

表 4-2-4 安全五项参数设置

序号	元素	安全平面组	安全距离	回退距离	探针	测针
1	平面 1	CP + Z	0	5	L56D3	1_A0B0
2	平面 2	CP − Y	0	5	L56D3	2_A90B-90
3	平面 3	CP − X	0	5	L56D3	3_A0B90
4	圆柱 1~圆柱 4	CP − Y	0	1	L56D3	2_A90B-90
5	圆柱 5~圆柱 7	CP + Z	0	1	L56D3	1_A0B0

运行程序前，调节手柄上的速度控制旋钮，将运行速度调到最慢。在菜单栏选择"程序"→"CNC-启动"，进入启动测量界面。按照图 4-2-19 所示顺序进行设置，设置完成后单击"开始"按钮。

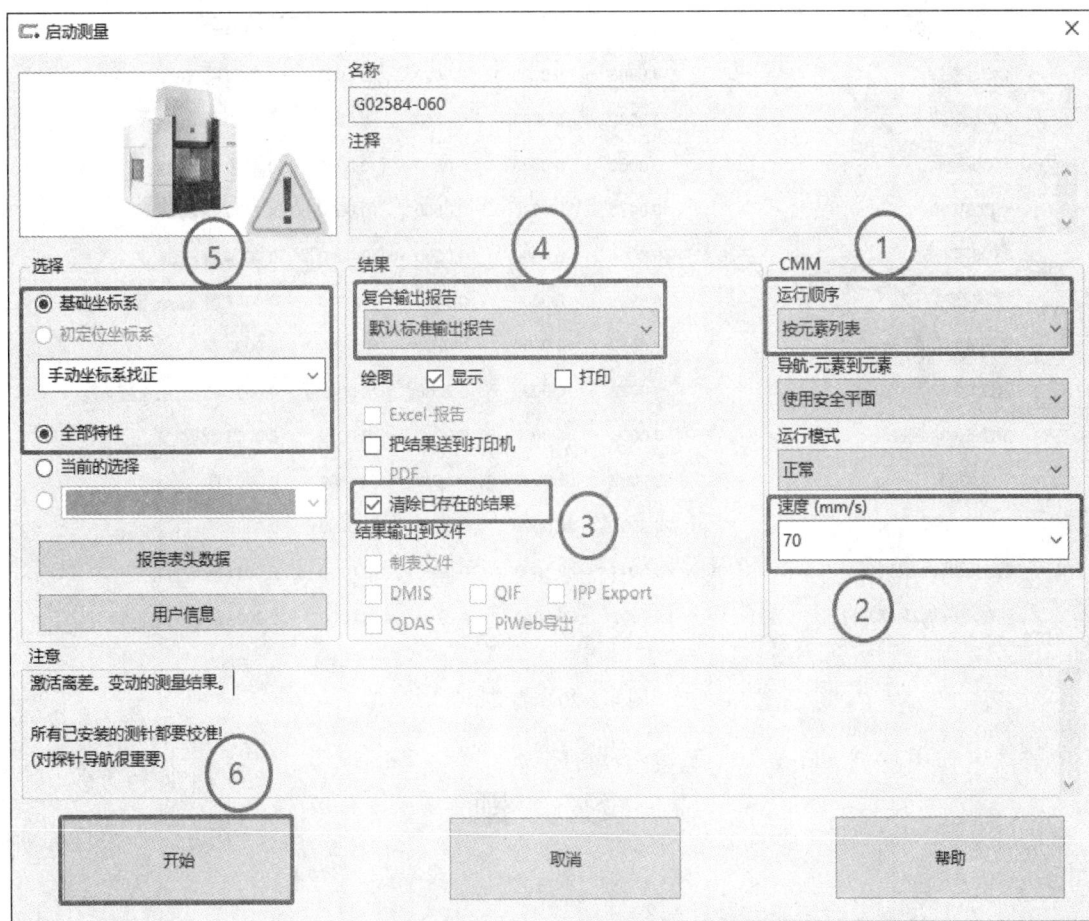

图 4-2-19 启动测量

9. 输出报告

程序运行完成，自动输出如图 4-2-20 所示测量报告。

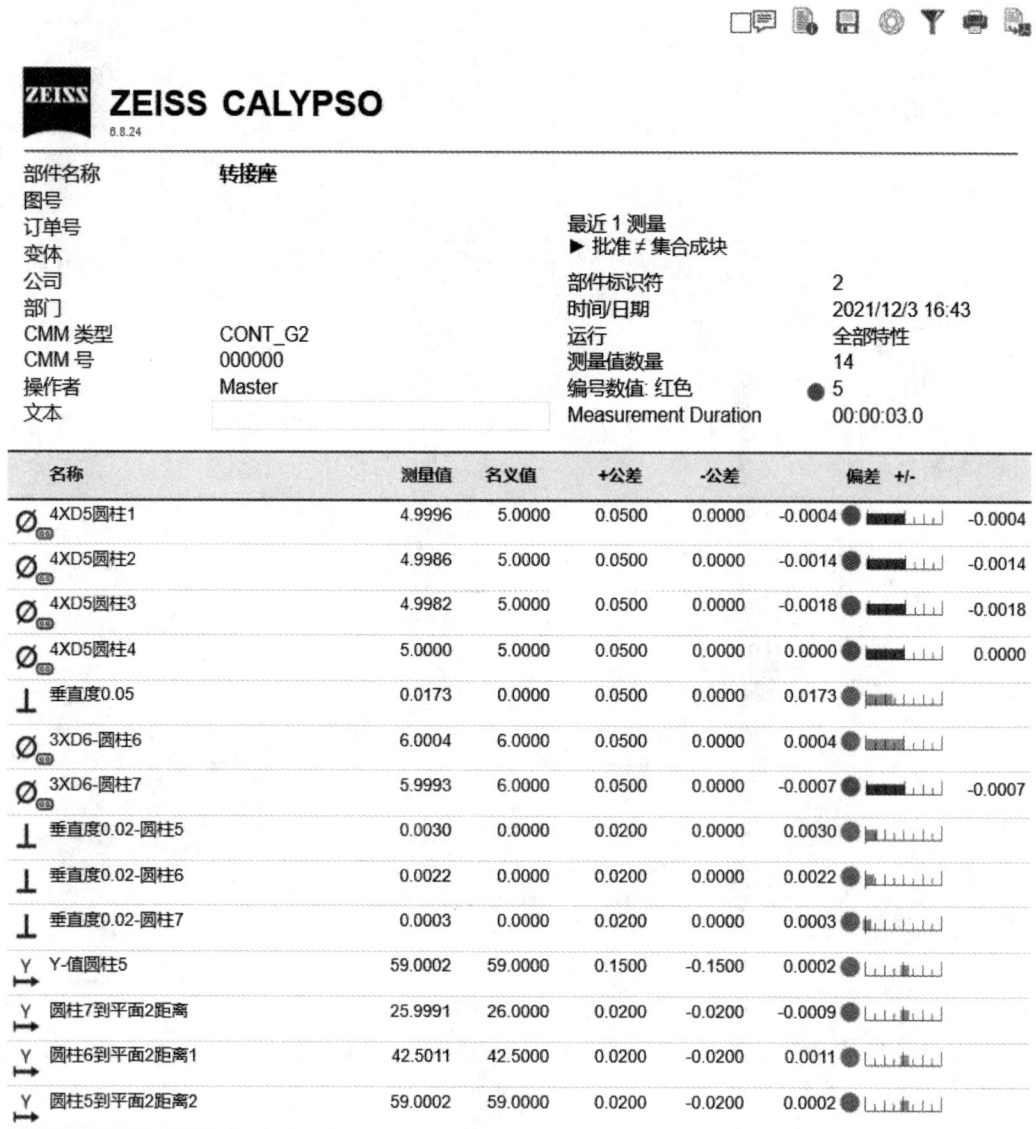

ZEISS CALYPSO
6.8.24

部件名称	转接座		
图号			
订单号		最近1测量	
变体		▶ 批准 ≠ 集合成块	
公司		部件标识符	2
部门		时间/日期	2021/12/3 16:43
CMM 类型	CONT_G2	运行	全部特性
CMM 号	000000	测量值数量	14
操作者	Master	编号数值: 红色	● 5
文本		Measurement Duration	00:00:03.0

名称	测量值	名义值	+公差	-公差	偏差	+/-
Ø 4XD5圆柱1	4.9996	5.0000	0.0500	0.0000	-0.0004	-0.0004
Ø 4XD5圆柱2	4.9986	5.0000	0.0500	0.0000	-0.0014	-0.0014
Ø 4XD5圆柱3	4.9982	5.0000	0.0500	0.0000	-0.0018	-0.0018
Ø 4XD5圆柱4	5.0000	5.0000	0.0500	0.0000	0.0000	0.0000
⊥ 垂直度0.05	0.0173	0.0000	0.0500	0.0000	0.0173	
Ø 3XD6-圆柱6	6.0004	6.0000	0.0500	0.0000	0.0004	
Ø 3XD6-圆柱7	5.9993	6.0000	0.0500	0.0000	-0.0007	-0.0007
⊥ 垂直度0.02-圆柱5	0.0030	0.0000	0.0200	0.0000	0.0030	
⊥ 垂直度0.02-圆柱6	0.0022	0.0000	0.0200	0.0000	0.0022	
⊥ 垂直度0.02-圆柱7	0.0003	0.0000	0.0200	0.0000	0.0003	
Y Y-值圆柱5	59.0002	59.0000	0.1500	-0.1500	0.0002	
Y 圆柱7到平面2距离	25.9991	26.0000	0.0200	-0.0200	-0.0009	
Y 圆柱6到平面2距离1	42.5011	42.5000	0.0200	-0.0200	0.0011	
Y 圆柱5到平面2距离2	59.0002	59.0000	0.0200	-0.0200	0.0002	

图 4-2-20　测量报告

习　题

1. 平行度误差合格条件是什么？
2. 平行度公差包括哪些种类？
3. 直角坐标系和极坐标系可以相互转换吗？原理是什么？在软件中如何操作？

4. 完成图 1 所示零件的编程与仿真。

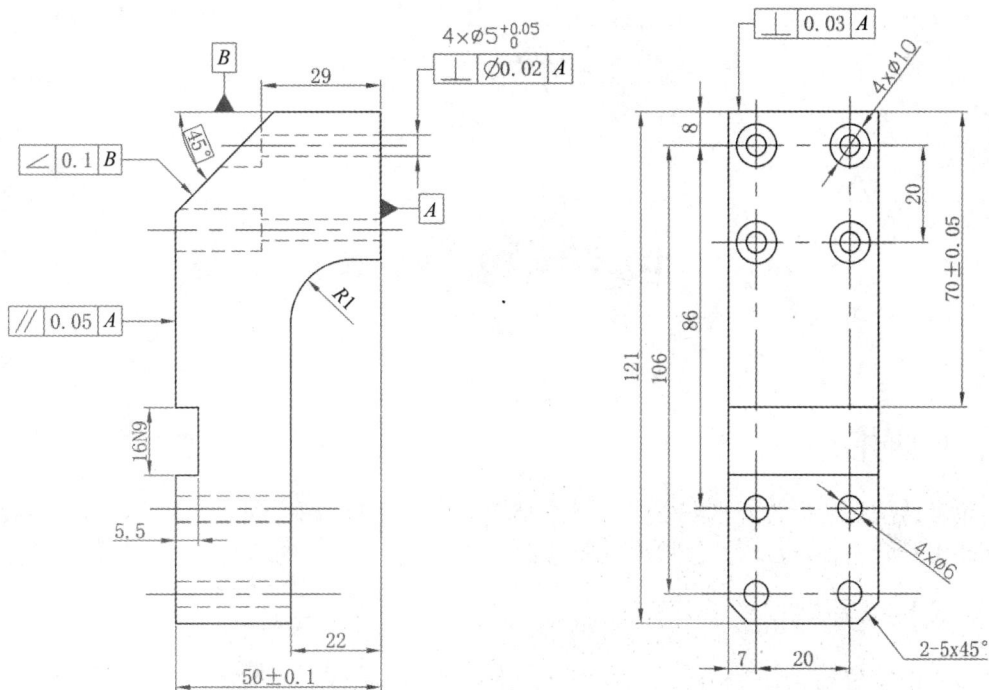

图 1

项目五

位置误差检测

项目引入

位置公差包括位置度、同心度、同轴度、对称度、线轮廓度和面轮廓度,本项目要求掌握相关概念的含义,并且会使用三坐标测量机完成相关项目的检测,并出具检测报告。

项目思考

零件的定位装夹方式很多,同学们应勤于思考,尽量实现一次装夹,完成所有项目的测量。

任务一　定位板检测

定位板零件图纸如图 5-1-1 所示,该零件包含多项几何误差检测项目,要求使用三坐标测量机完成相关项目的检测,并出具检测报告。

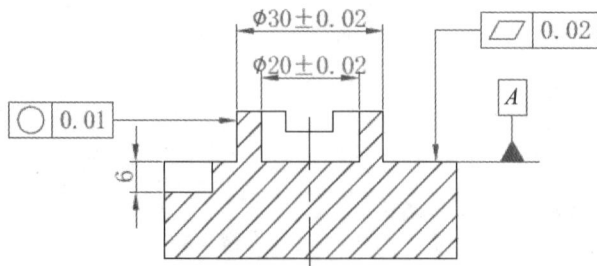

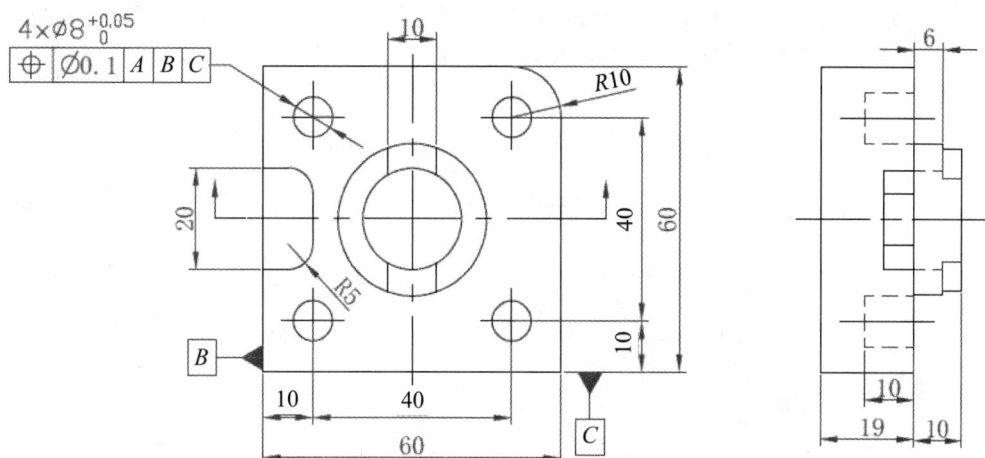

图 5-1-1　定位板零件图纸

一、任务准备

1. 线的位置度公差

常见的线位置度公差的标注及解读如表 5-1-1 所示。

表 5-1-1　线的位置度公差的标注及解读

形状公差 项目	标 注 示 例	识读	解 读 含 义
线的 位置度		孔 对 基准 平 面 *C*、*A*、*B* 的 位 置度 公 差 为 ϕ 0.08 mm	 提取(实际)中心线应限定在直径等于 ϕ 0.08 mm 的圆柱面内,该圆柱面的轴线的位置应处于由基准平面 *C*、*A*、*B* 和理论正确尺寸 100、68 确定的理论正确位置上

2. 位置度误差及评价

位置度误差是指实际被测要素相对于理想要素的变动量,合格条件是位置度误差值不大于位置度公差值。

在菜单栏单击"形状与位置"→"位置度",在特性功能标签下出现"位置度"图标,双击打开，弹出位置度对话框，位置度对话框各图标功能说明如图 5-1-2 所示。在位置度对话框"元素"按钮处选择被测元素，并设置基准，修改标识及公差值，即完成位置度误差的评价。

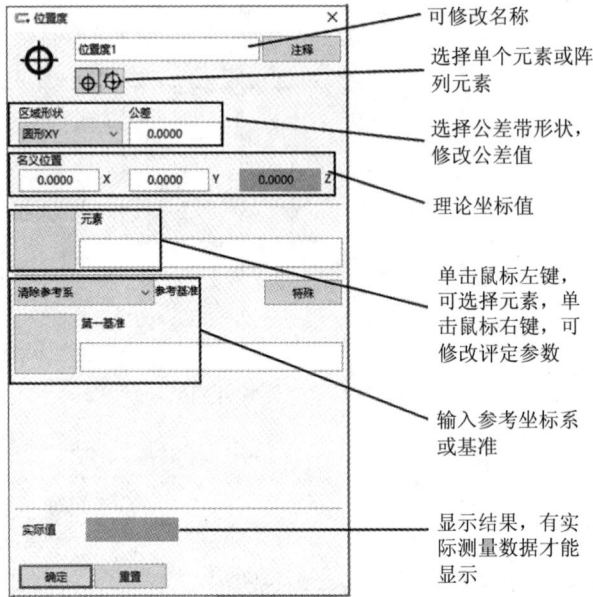

图 5-1-2　位置度对话框各图标功能说明

3. 位置度误差数据分析

获取位置度测量结果详细信息，通过在菜单栏单击"资源"→"特性设置编辑"，弹出程序特性编辑对话框，如图 5-1-3 所示，在下拉菜单选择"更多的位置结果"，设置为"打开"，则在输出测量报告时，可显示位置度相关的坐标值，如图 5-1-4 所示。

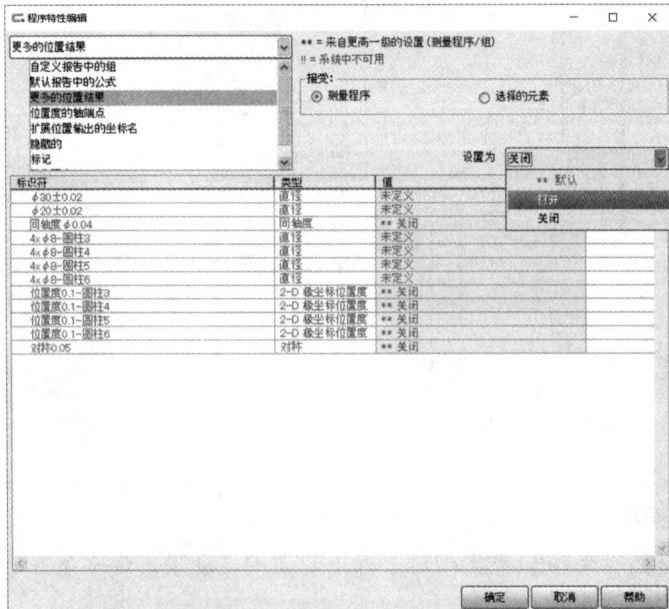

图 5-1-3　程序特性编辑对话框

⊕ 位置度0.1_圆柱1	0.0200	0.0000	0.0000	0.0000	0.0200 ●		0.0200
⊕ 位置度0.1_圆柱1.X	9.9982	10.0000	0.0000	0.0000	-0.0018		-0.0018
⊕ 位置度0.1_圆柱1.Y	49.9902	50.0000	0.0000	0.0000	-0.0098		-0.0098
⊕ 位置度0.1_圆柱2	0.0053	0.0000	0.0000	0.0000	0.0053 ●		0.0053
⊕ 位置度0.1_圆柱2.X	49.9975	50.0000	0.0000	0.0000	-0.0025		-0.0025
⊕ 位置度0.1_圆柱2.Y	50.0010	50.0000	0.0000	0.0000	0.0010		0.0010

图 5-1-4 位置坐标信息

5-1

二、任务实施

1. 梳理测量项目

对测量项目进行梳理并编号，如图 5-1-5 所示，并对测量元素进行编号，如图 5-1-6 所示，形成如表 5-1-2 所示的测量项目表。

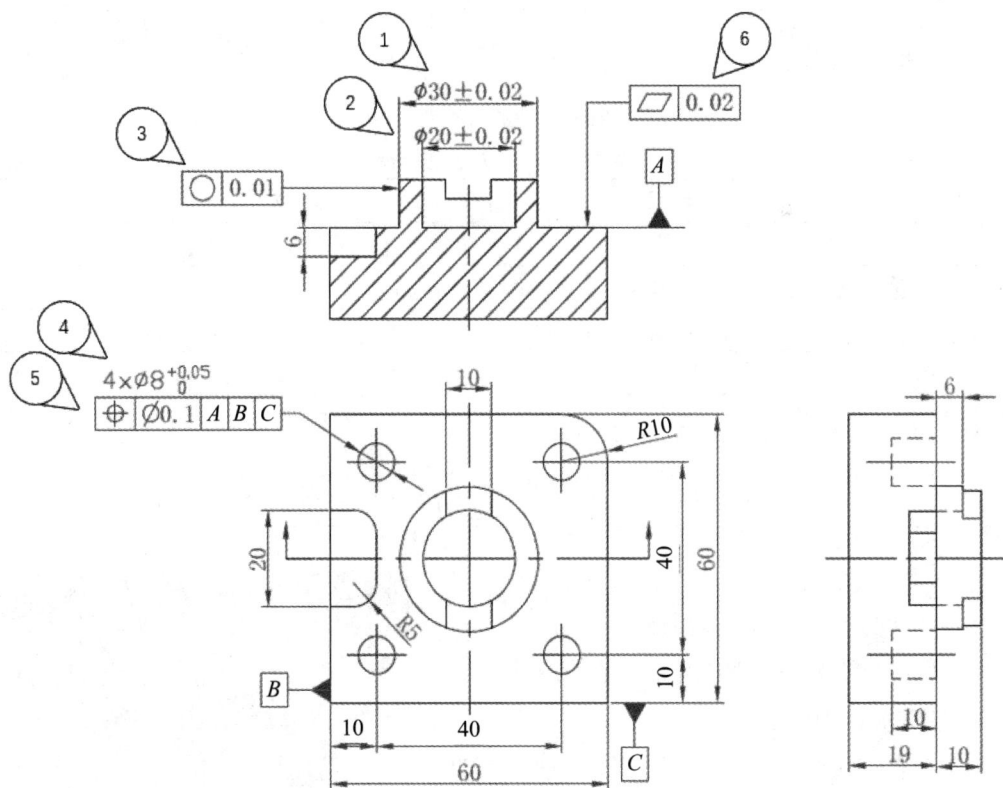

图 5-1-5 测量项目编号

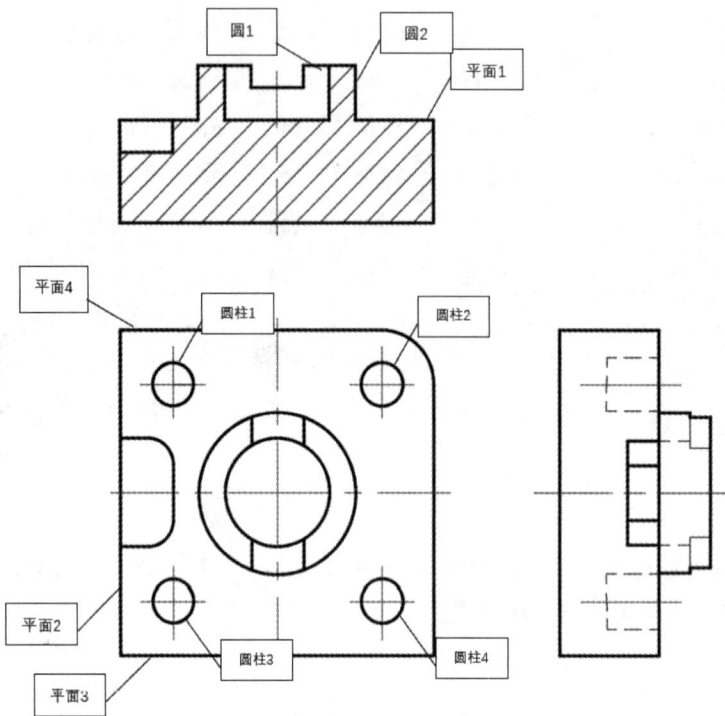

图 5-1-6 测量元素编号

表 5-1-2 测 量 项 目 表

序号	测 量 项 目	描　　　述
1	$\phi 30 \pm 0.02$	圆 1 直径
2	$\phi 20 \pm 0.02$	圆 2 直径
3	圆度 0.01	圆 1 圆度
4	$4 \times \phi 8^{+0.05}_{0}$	圆柱 3 中心轴线对圆柱 1 的位置度
5	位置度 ϕ 0.1(基准 A、B、C)	圆柱 1、圆柱 2、圆柱 3、圆柱 4 分别对基准 A、B、C 位置度
6	平面度 0.02	平面 1 的平面度

2. 确定装夹方案

结合工件装夹的原则，采用如图 5-1-7 所示的装夹方案，保证一次装夹可完成全部元素的测量。

3. 探针选型与校准

对于带有旋转测座的传感器，可以选择 L58D3 探针，测针选用 1_A0B0，并进行校准。对于固定式传感器，可以选择 1 号星型探针结构，本任务中以旋转测座的传感器为例进行介绍。

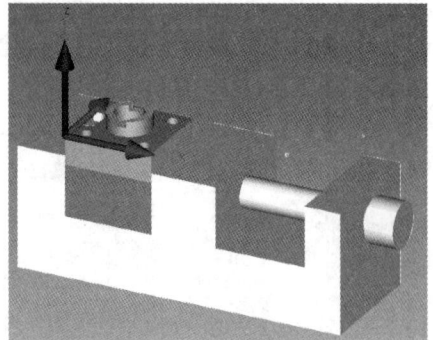

图 5-1-7 工件装夹方案

4. 建立基础坐标系

在测量程序功能标签下单击 ，弹出如图 5-1-8 所示的读取建立的或修改的基础坐标系对话框，采用默认设置，单击"确定"按钮，弹出基本坐标系对话框。按照如图 5-1-9 所示内容选择对应的元素建立坐标系，建立完成后的坐标系显示如图 5-1-10 所示。

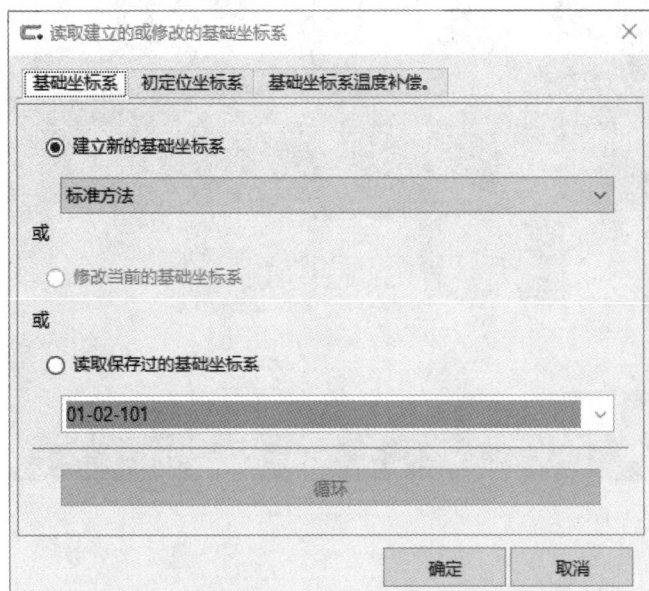

图 5-1-8　读取建立的或修改的基础坐标系对话框

图 5-1-9　建立坐标系

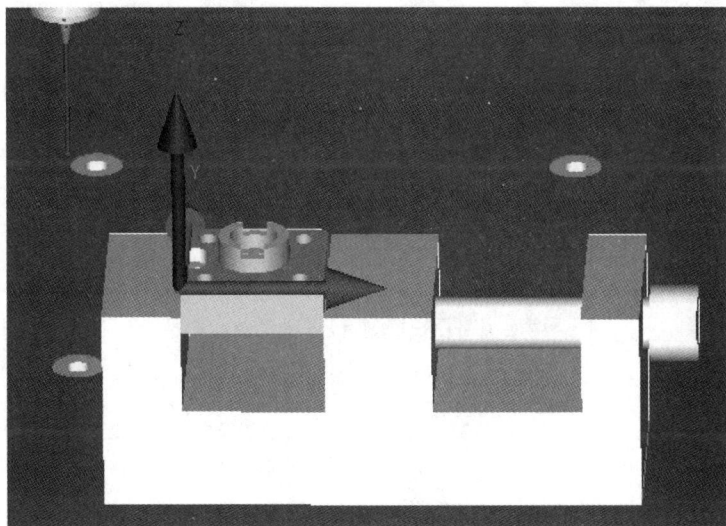

图 5-1-10　坐标系显示

5. 创建安全平面

在测量程序功能标签下单击 ，弹出如图 5-1-11 所示的安全平面对话框，单击"从 CAD 模型提前安全平面"按钮，在弹出的边界距离对话框中设置默认值 10 mm。单击"确定"按钮，完成安全平面的创建。

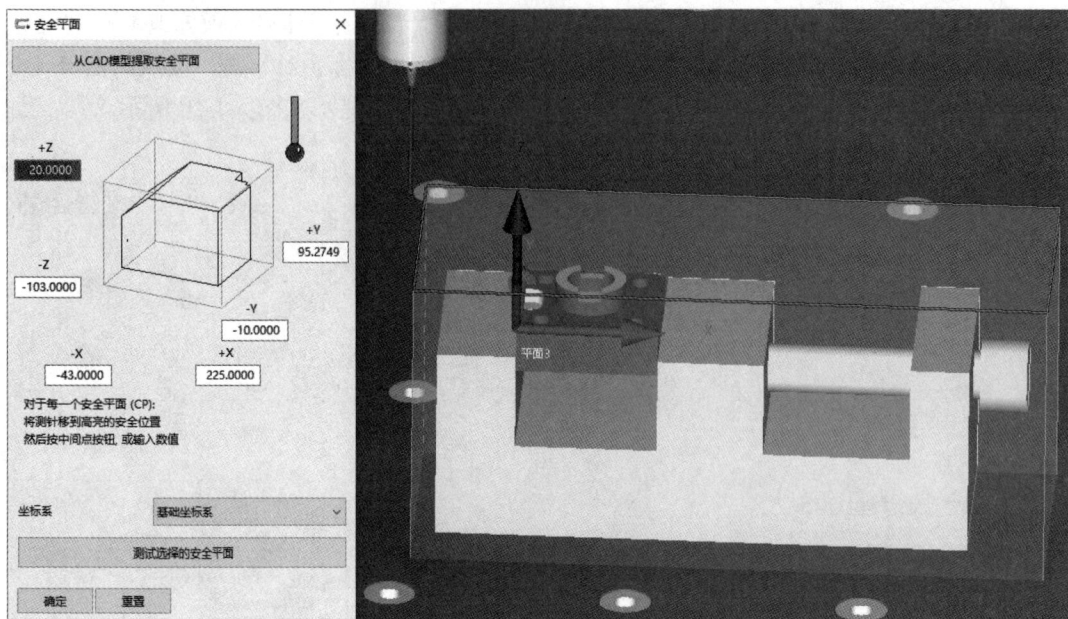

图 5-1-11　安全平面对话框

6. 定义元素及策略

按照图 5-1-6 测量元素编号依次定义元素，各元素按照表 5-1-3 进行测量策略及评定设置。

表 5-1-3　测量策略及评定设置

序号	元素	测量策略及评定设置	备注
1	平面 1～平面 4	扫描策略或多点策略	均布测点
2	圆 1、圆 2	圆路径扫描至少 1270 点，勾选滤波和粗差，滤波参数低通滤波 150UPR	参考 COOKBOOK
3	圆柱 1～圆柱 4	两层圆路径扫描测量，每层至少 425 个点，勾选滤波和粗差，滤波参数低通滤波 50UPR	参考 COOKBOOK

7. 定义特性

(1) 定义"$\phi 30 \pm 0.02$"特性。在菜单栏单击"尺寸"→"标准"→"直径"，在特性功能标签下出现"直径"图标，双击打开，弹出直径对话框，按照图 5-1-12 所示内容定义"$\phi 30 \pm 0.02$"特性。

(2) 定义"$\phi 20 \pm 0.02$"特性。在菜单栏单击"尺寸"→"标准"→"直径"，在特性功能标签下出现"直径"图标，双击打开，弹出直径对话框，按照图 5-1-13 所示内容定义"$\phi 20 \pm 0.02$"特性。

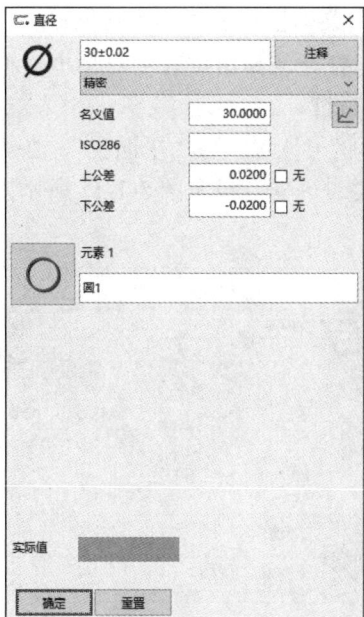

图 5-1-12 定义"$\phi\,30\pm0.02$"特性

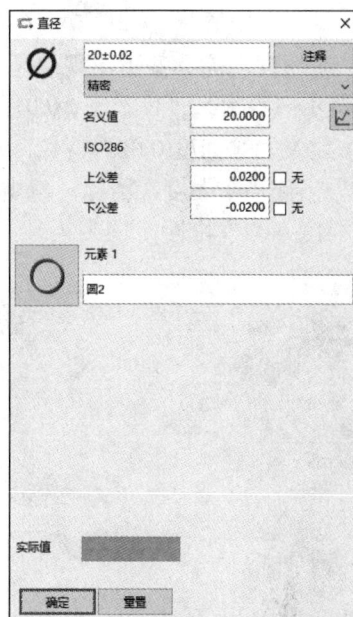

图 5-1-13 定义"$\phi\,20\pm0.02$"特性

(3) 定义"圆度 0.01"特性。在菜单栏单击"形状与位置"→"圆度",在特性功能标签下出现"圆度"图标,双击打开,弹出圆度对话框,按照图 5-1-14 所示内容定义"圆度0.01"特性。

(4) 定义"$4\times\phi8^{+0.05}_{0}$"特性。在菜单栏单击"尺寸"→"标准"→"直径",在特性功能标签下出现"直径"图标,双击打开,弹出直径对话框,按照图 5-1-15 所示内容,分别在元素处选择"圆柱 1""圆柱 2""圆柱 3""圆柱 4",定义"$4\times\phi8^{+0.05}_{0}$"特性。

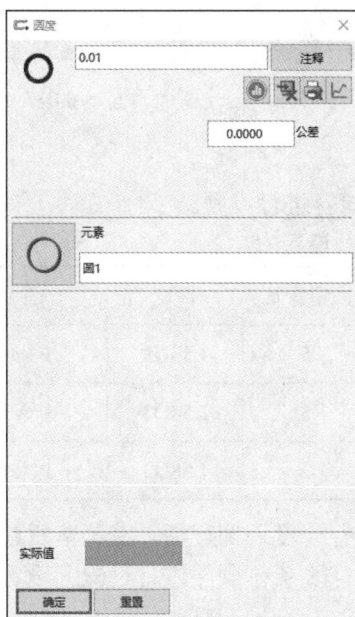

图 5-1-14 定义"圆度 0.01"特性

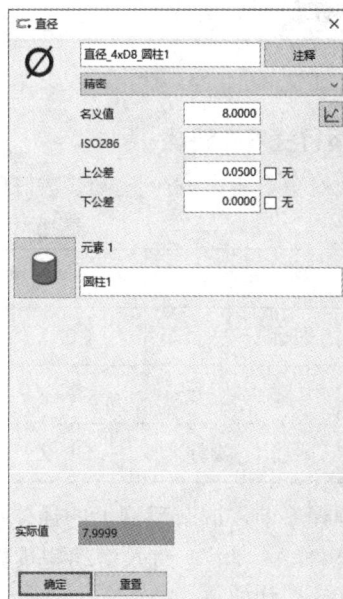

图 5-1-15 定义"$4\times\phi8^{+0.05}_{0}$"特性

(5) 定义"位置度ϕ0.1(基准 A、B、C)"特性。在菜单栏单击"形状与位置"→"位置度",在特性功能标签下出现"位置度"图标,双击打开,弹出位置度对话框,按照图 5-1-16 所示内容定义"位置度ϕ0.01(基准 A、B、C)"特性。

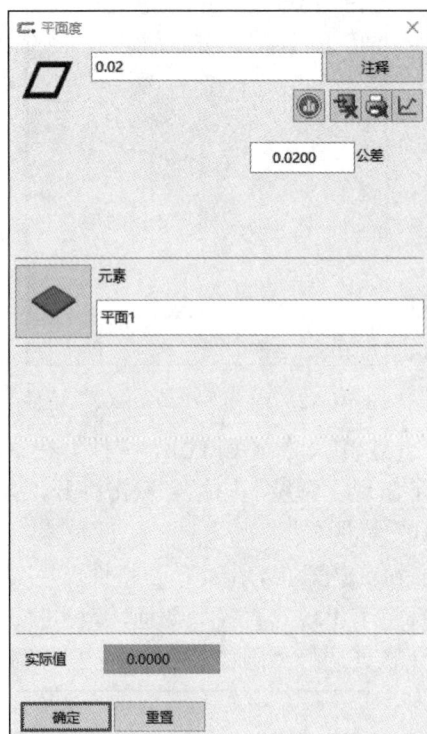

(6) 定义"平面度 0.02"特性。在菜单栏单击"形状与位置"→"平面度",在特性功能标签下出现"平面度"图标,双击打开,弹出平面度对话框,按照图 5-1-17 所示内容定义"平面度 0.02"特性。

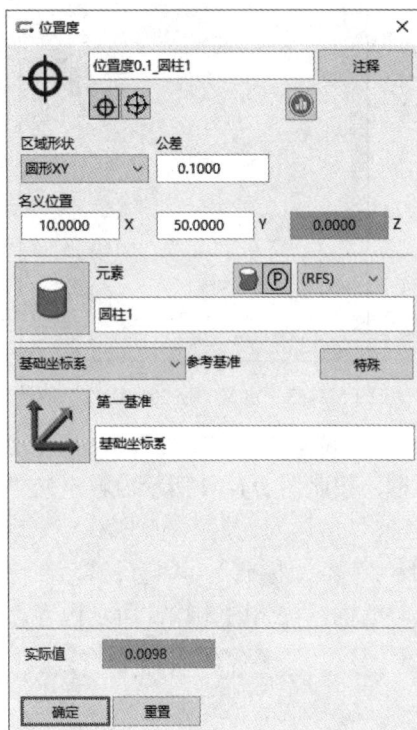

图 5-1-16 定义"位置度ϕ0.01(基准 A、B、C)"特性

图 5-1-17 定义"平面度 0.02"特性

8. 运行程序及调试

检查安全五项,安全五项参数按照表 5-1-4 所示内容进行设置。

表 5-1-4 安全五项参数设置

序号	元素	安全平面组	安全距离	回退距离	探针	测针
1	平面 1~平面 4	CP+Z	0	5	L58D3	1_A0B0
2	圆 1、圆 2	CP+Z	0	5	L58D3	1_A0B0
3	圆柱 1~圆柱 4	CP+Z	0	2	L58D3	1_A0B0

运行程序前,调节手柄上的速度控制旋钮,将运行速度调到最慢。在菜单栏选择"程序"→"CNC-启动",进入启动测量界面。按照图 5-1-18 所示顺序进行设置,设置完成后单击"开始"按钮。

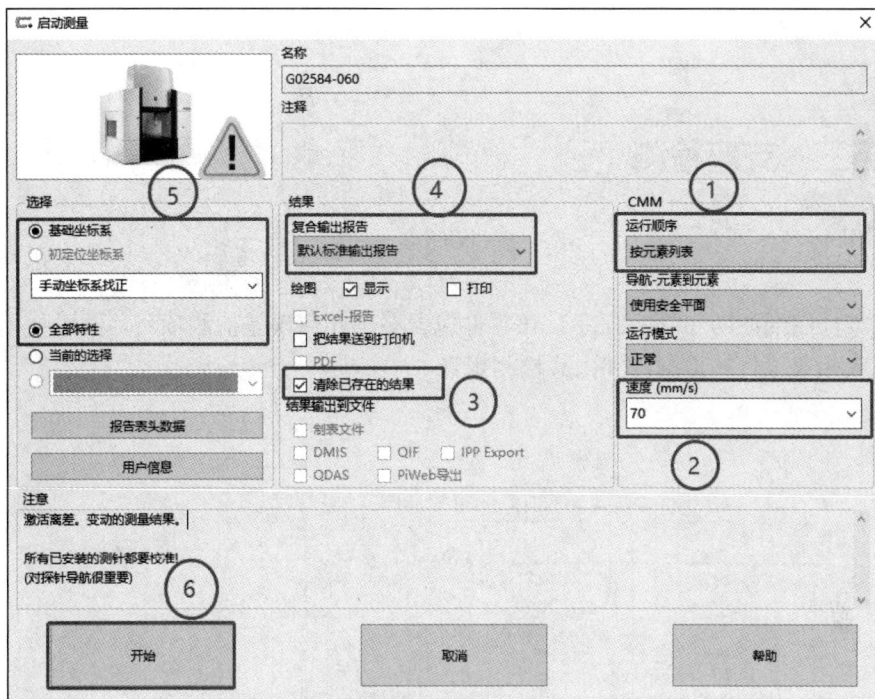

图 5-1-18 启动测量

9. 输出报告

程序运行完成，自动输出如图 5-1-19 所示测量报告。

名称	测量值	名义值	+公差	-公差	偏差 +/-
Ø 30±0.02	29.9985	30.0000	0.0200	-0.0200	-0.0015
Ø 20±0.02	20.0009	20.0000	0.0200	-0.0200	0.0009
○ 圆度_0.01	0.0152	0.0000	0.0100	0.0000	0.0152 ▬▬▬ 0.0052
Ø 直径_4xD8_圆柱1	7.9996	8.0000	0.0500	0.0000	-0.0004 ▬▬ -0.0004
Ø 直径_4xD8_圆柱2	7.9995	8.0000	0.0500	0.0000	-0.0005 ▬▬ -0.0005
Ø 直径_4xD8_圆柱3	8.0039	8.0000	0.0500	0.0000	0.0039
Ø 直径_4xD8_圆柱4	7.9958	8.0000	0.0500	0.0000	-0.0042 ▬▬ -0.0042
⌖ 位置度0.1_圆柱1	0.0200	0.0000	0.0000	0.0000	0.0200 0.0200
⌖ 位置度0.1_圆柱2	0.0053	0.0000	0.0000	0.0000	0.0053 0.0053
⌖ 位置度0.1_圆柱3	0.0081	0.0000	0.0000	0.0000	0.0081 0.0081
⌖ 位置度0.1_圆柱4	0.0082	0.0000	0.0000	0.0000	0.0082 0.0082
▱ 平面度0.02	0.0148	0.0000	0.0200	0.0000	0.0148

图 5-1-19 测量报告

任务二　支座检测

支座零件图纸如图 5-2-1 所示，该零件包含多项几何误差检测项目，要求使用三坐标测量机完成相关项目的检测，并出具检测报告。

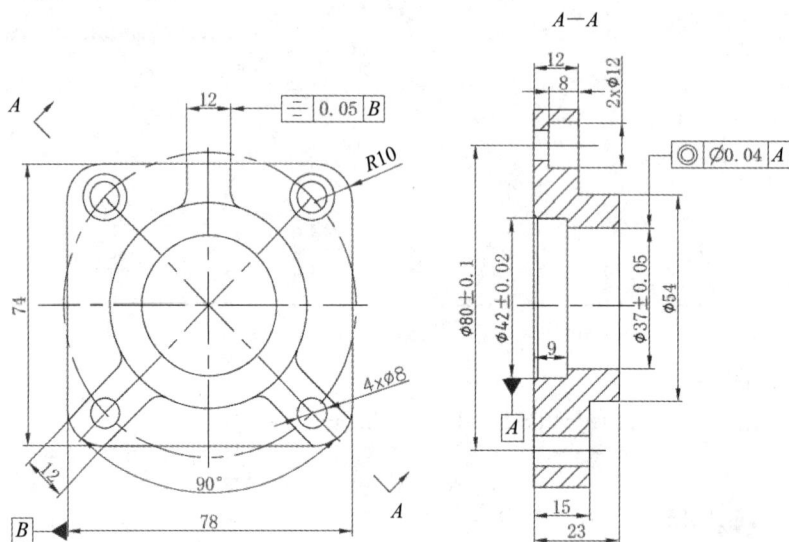

图 5-2-1　支座零件图纸

一、任务准备

1. 同轴度

(1) 同轴度公差。常见的同轴度公差的标注及解读如表 5-2-1 所示。

表 5-2-1　同轴度公差的标注及解读

形状公差项目	标注示例	识 读	解 读 含 义
同轴度		被测中心轴线对基准轴线 A 的同轴度公差为 φ0.1 mm	大圆柱面的提取(实际)中心线应限定在直径等于 φ0.1 mm、以基准轴线 A 为轴线的圆柱面内

(2) 同轴度误差及评价。同轴度误差是指实际被测要素相对于理想要素的变动量，合格条件是同轴度误差值不大于同轴度公差值。

在菜单栏单击"形状与位置"→"同轴度"，在特性功能标签下出现"同轴度"图标，双击打开，弹出同轴度对话框，同轴度对话框各图标含义说明如图 5-2-2 所示。在同轴度对话框"元素"按钮处选择被测元素，并设置基准，修改标识及公差值，即完成同轴度误差的评价。

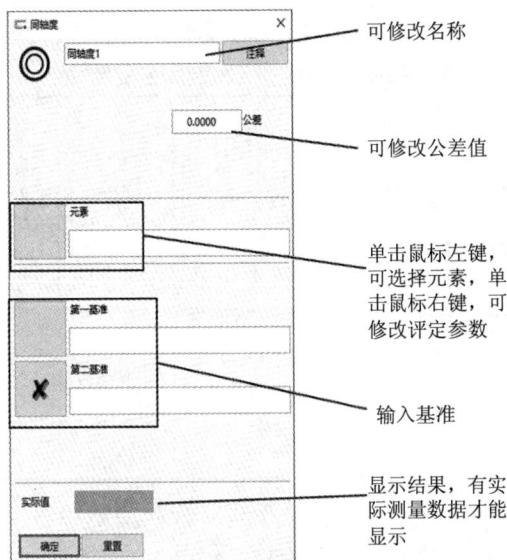

图 5-2-2 同轴度对话框各图标含义说明

(3) 同轴度误差数据分析。获取同轴度测量结果详细信息，通过在菜单栏单击"资源"→"特性设置编辑"，弹出程序特性编辑对话框，如图 5-2-3 所示，在下拉菜单选择"更多的位置结果"，并设置为"打开"，则在输出测量报告时，可显示同轴度相关的坐标值，如图 5-2-4 所示。

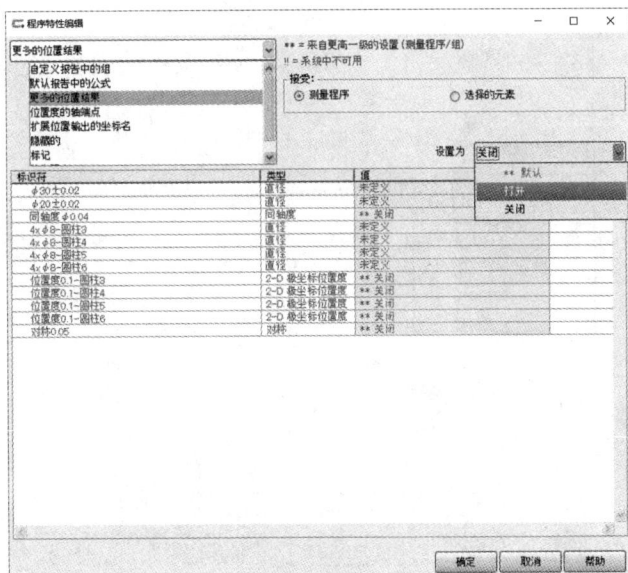

图 5-2-3 程序特性编辑对话框

		0.0083	0.0000	0.0400	0.0000	0.0083
◎ 同轴度0.04						
◎ 同轴度0.04.X		0.0037	0.0000			0.0037
◎ 同轴度0.04.Y		0.0019	0.0000			0.0019

图 5-2-4 同轴度坐标数据

2. 对称度

(1) 对称度公差。常见的对称度公差的标注及解读如表 5-2-2 所示。

表 5-2-2 对称度公差标注及解读

形状公差项目	标 注 示 例	识读	解 读 含 义
对称度		被测中心面对基面 A 的对称度公差为 0.08 mm	提取(实际)中心面应限定在间距等于 0.08 mm、对称于基准中心平面 A 的两平行平面之间

(2) 对称度误差及评价。对称度误差是指实际被测要素相对于理想要素的变动量，合格条件是：对称度误差值不大于对称度公差值。

在菜单栏单击"形状与位置"→"对称度"，在特性功能标签下出现"对称度"图标，双击打开，弹出对称度对话框，对称度对话框各图标含义如图 5-2-5 所示。在对称度对话框"元素"按钮处选择被测元素，修改标识及公差值，即完成对称度误差的评价。

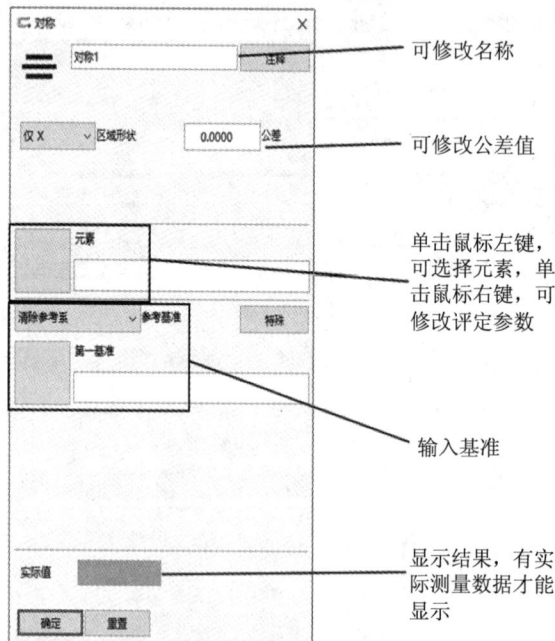

图 5-2-5 对称度对话框

二、任务实施

1. 梳理测量项目

对测量项目进行梳理并编号，如图 5-2-6 所示，并对测量元素进行编号，如图 5-2-7 所示，形成如表 5-2-3 所示的测量项目表。

5-2

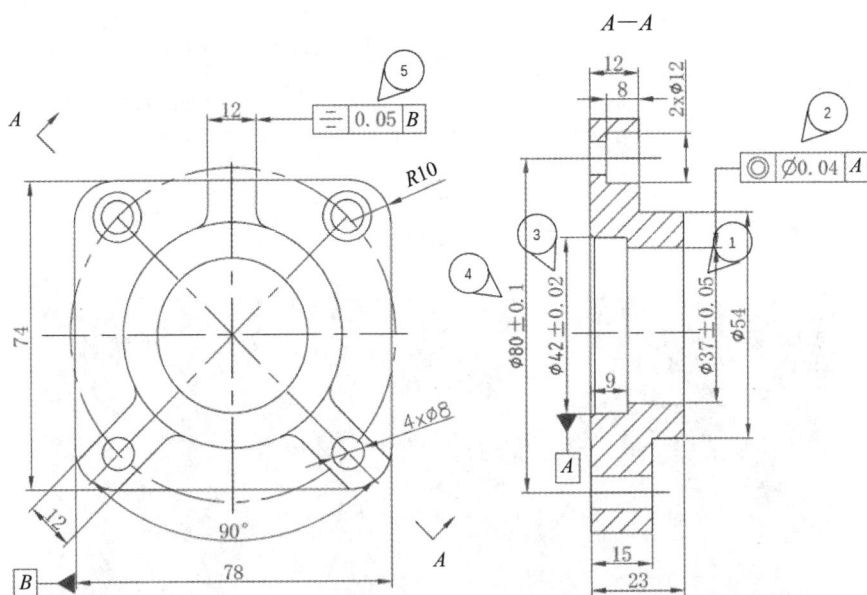

图 5-2-6　测量项目编号

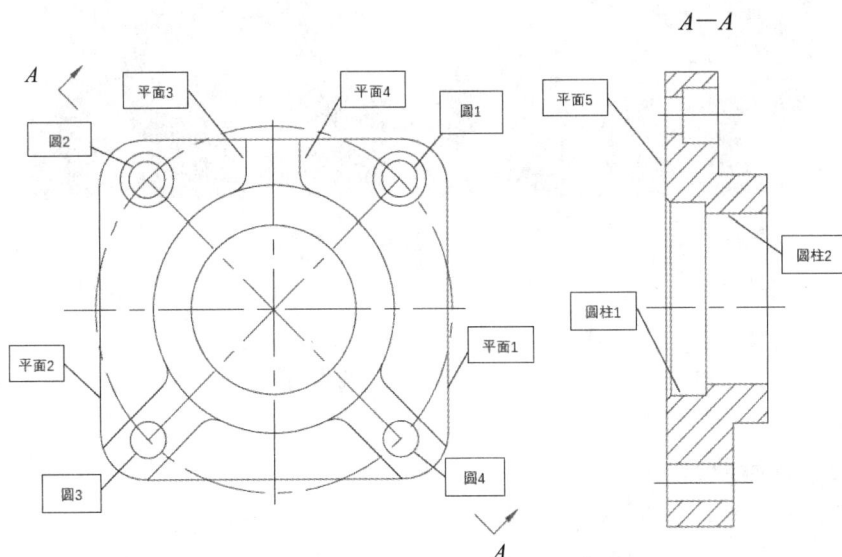

图 5-2-7　测量元素编号

表 5-2-3　测量项目表

序号	测量项目	描　　述
1	$\phi37 \pm 0.05$	圆柱 2 直径
2	同轴度 $\phi0.04$(基准 A)	圆柱 2 相对于圆柱 1(基准 A)的同轴度
3	$\phi42 \pm 0.02$	圆柱 1 直径
4	$\phi80 \pm 0.1$	圆 1～圆 4 的圆心构成的节圆直径
5	对称度 0.05(基准 B)	平面 3 和平面 4 构造中分面对基准 B 的对称度

2. 确定装夹方案

结合工件装夹的原则，采用如图 5-2-8 所示的装夹方案，保证一次装夹可完成全部元素的测量。

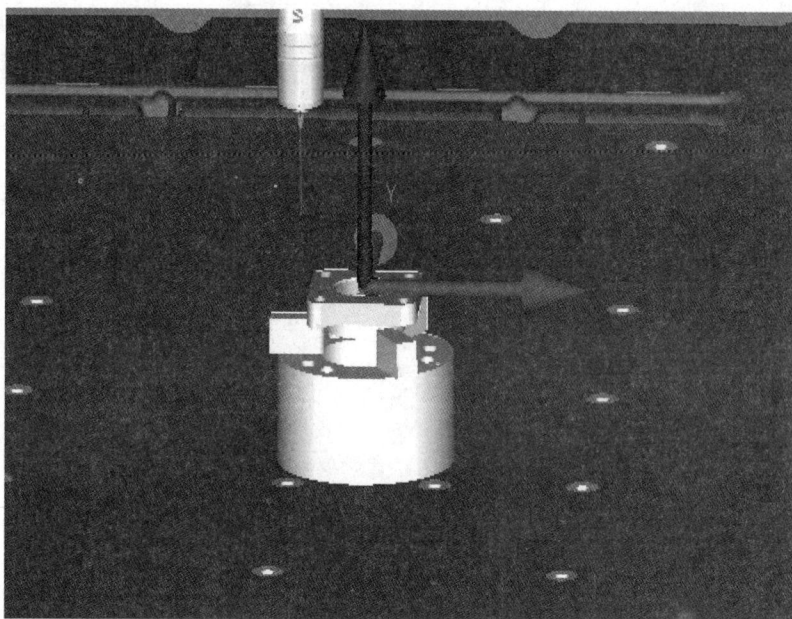

图 5-2-8　工件装夹方案

3. 探针选型与校准

对于带有旋转测座的传感器，可以选择 L58D3 探针，测针选用 1_A0B0、5_A180B90 两个方向，并进行校准。对于固定式传感器，可以选择 1 号、3 号的星型探针结构。本任务中以旋转测座的传感器为例进行介绍。

4. 建立基础坐标系

在测量程序功能标签下单击 ，弹出如图 5-2-9 所示的读取建立的或修改的基础坐标系对话框，采用默认设置，单击"确定"按钮，弹出基本坐标系对话框。按照如图 5-2-10 所示内容选择对应的元素建立坐标系，建立完成后的坐标系显示如图 5-2-11 所示。

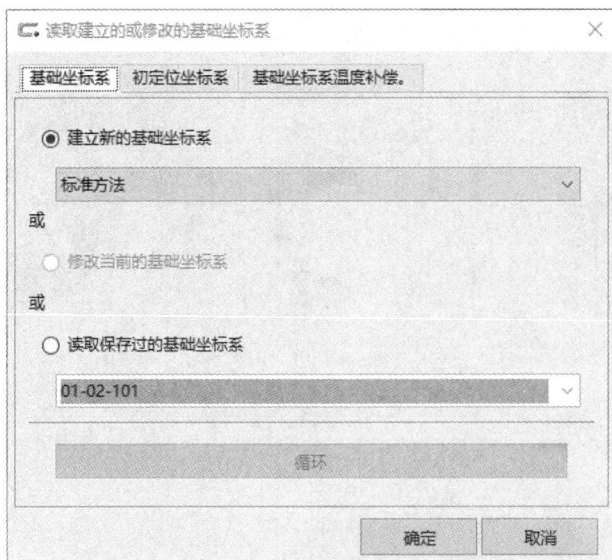

图 5-2-9　读取建立的或修改的基础坐标系对话框

图 5-2-10　建立坐标系

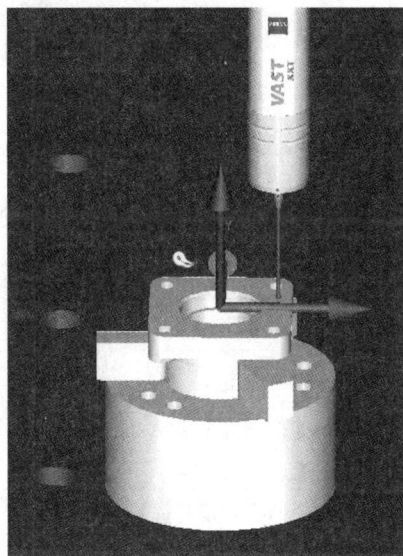

图 5-2-11　坐标系显示

5. 创建安全平面

在测量程序功能标签下单击 ，弹出如图 5-2-12 所示的安全平面对话框，单击"从 CAD 模型提前安全平面"按钮，在弹出的边界距离对话框中设置默认值 10 mm。单击"确定"按钮，完成安全平面的创建。

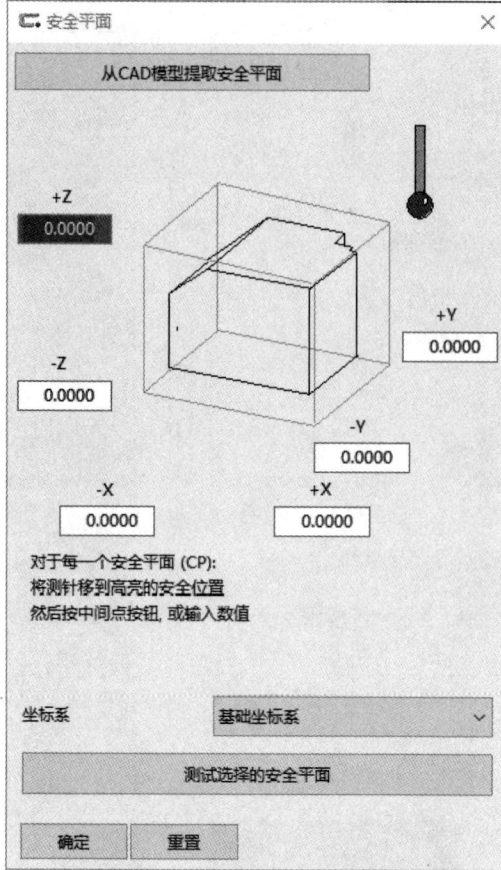

图 5-2-12　安全平面对话框

6. 定义元素及策略

按照图 5-2-7 测量元素编号依次定义元素，各元素按照表 5-2-4 进行测量策略及评定设置。

表 5-2-4　测量策略及评定设置

序号	元素	测量策略及评定设置	备　注
1	平面 1～平面 5	扫描策略或多点策略	均布测点
2	圆 1～圆 4	圆路径扫描至少 425 点，勾选滤波和粗差，滤波参数低通滤波 50UPR	
3	圆柱 1、圆柱 2	两层圆路径扫描测量，每层至少 1270 个点，勾选滤波和粗差，滤波参数低通滤波 150UPR	参考 COOKBOOK
4	基准 B	平面 1 和平面 2 构造对称获得	使用构对称功能
5	对称 1	平面 3 和平面 4 构造对称获得	使用构造对称功能
6	圆 5	调用圆 1～圆 4 的圆心构成	使用调用功能

7. 定义特性

(1) 定义"$\phi 37 \pm 0.05$"特性。在菜单栏单击"尺寸"→"标准"→"直径",在特性功能标签下出现"直径"图标,双击打开,弹出直径对话框,按照图 5-2-13 所示内容定义直径特性。

(2) 定义"同轴度 $\phi 0.05$(基准 A)"特性。在菜单栏单击"形状与位置"→"同轴度",在特性功能标签下出现"同轴度"图标,双击打开,弹出同轴度对话框,按照图 5-2-14 所示内容定义"同轴度 0.05(基准 A)"特性。

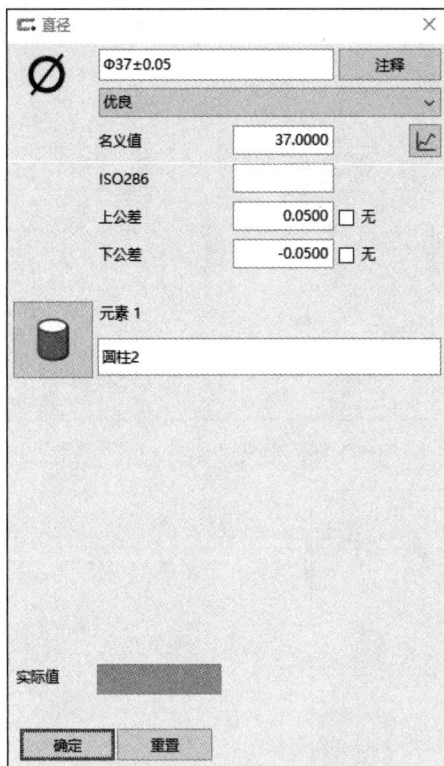

图 5-2-13　定义"$\phi 37 \pm 0.05$"特性

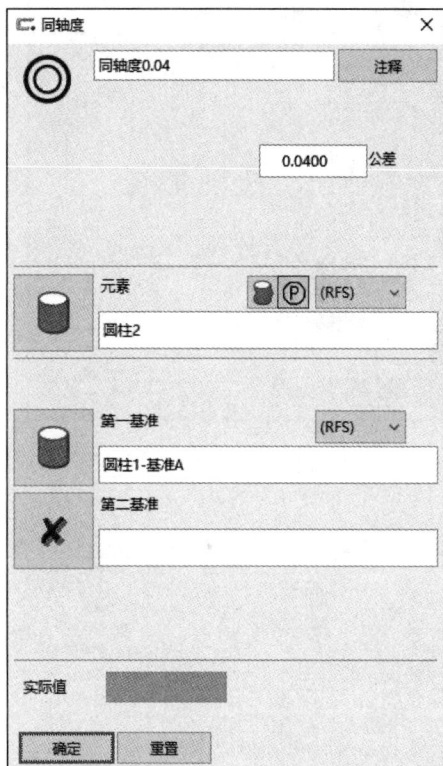

图 5-2-14　定义"同轴度 $\phi 0.05$(基准 A)"特性

(3) 定义"$\phi 42 \pm 0.02$"特性。在菜单栏单击"尺寸"→"标准"→"直径",在特性功能标签下出现"直径"图标,双击打开,弹出直径对话框,按照图 5-2-15 所示内容定义直径特性。

(4) 定义"$\phi 80 \pm 0.1$"特性。在菜单栏单击"尺寸"→"标准"→"直径",在特性功能标签下出现"直径"图标,双击打开,弹出直径对话框,按照图 5-2-16 所示内容定义直径特性。

(5) 定义"对称度 0.05(基准 B)"特性。在菜单栏单击"形状与位置"→"对称度",在特性功能标签下出现"对称度"图标,双击打开,弹出对称度对话框,按照图 5-2-17 所示内容定义"对称度 0.05(基准 B)"特性。

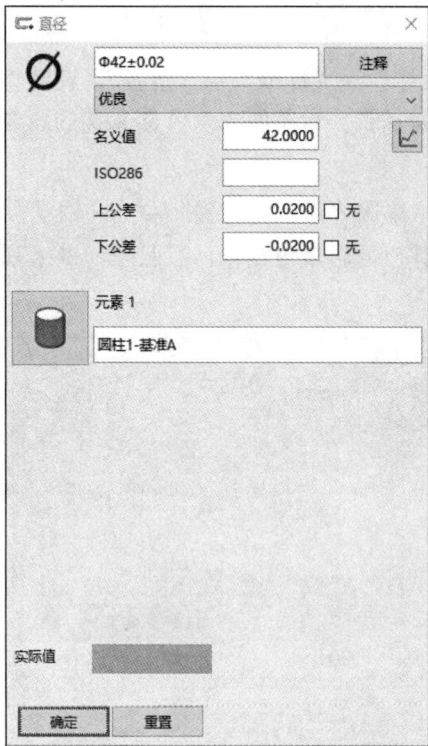

图 5-2-15　定义" $\phi 42 \pm 0.02$ "特性

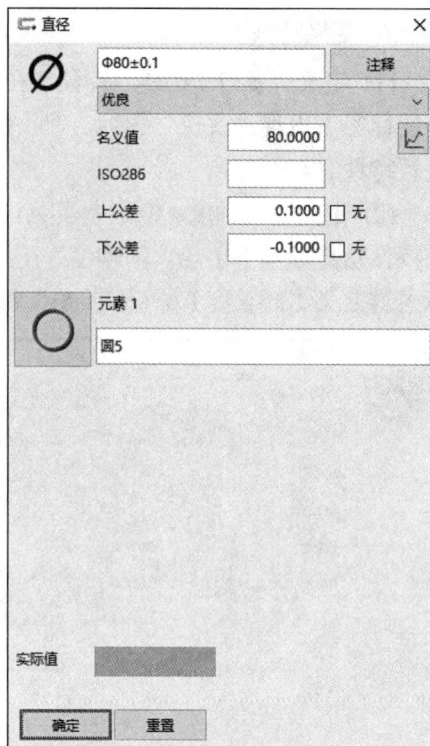

图 5-2-16　定义" $\phi 80 \pm 0.1$ "特性

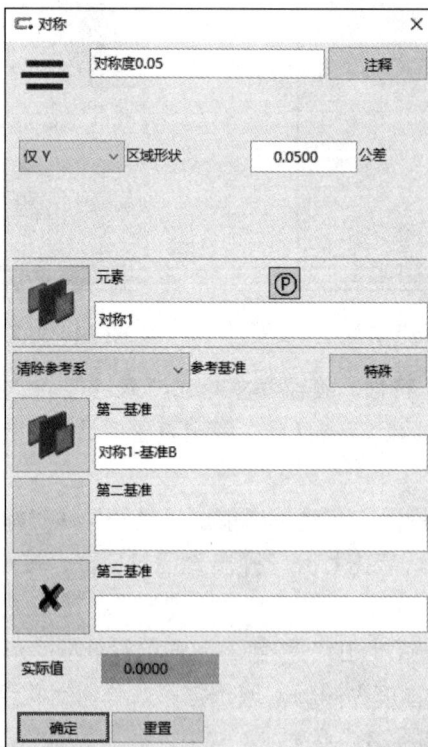

图 5-2-17　定义"对称度 0.05(基准 B)"特性

8. 运行程序及调试

检查安全五项，安全五项参数按照表 5-2-5 所示内容进行设置。

表 5-2-5 安全五项参数设置

序号	元素	安全平面组	安全距离	回退距离	探针	测针
1	平面 1～平面 2	CP+Z	0	5	L58D3	1_A0B0
2	平面 5	CP+Z	0	5	L58D3	1_A0B0
3	平面 3、平面 4	CP+X	0	5	L58D3	5_A180B90
4	圆 1～圆 4	CP+Z	0	2	L58D3	1_A0B0
5	圆柱 1、圆柱 2	CP+Z	0	5	L58D3	1_A0B0
6	对称 1～基准 B	—	—	—	—	—
7	对称 1					
8	圆 5					

运行程序前，调节手柄上的速度控制旋钮，将运行速度调到最慢。在菜单栏选择"程序"→"CNC-启动"，进入启动测量界面。按照如图 5-2-18 所示顺序进行设置，设置完成后单击"开始"按钮。

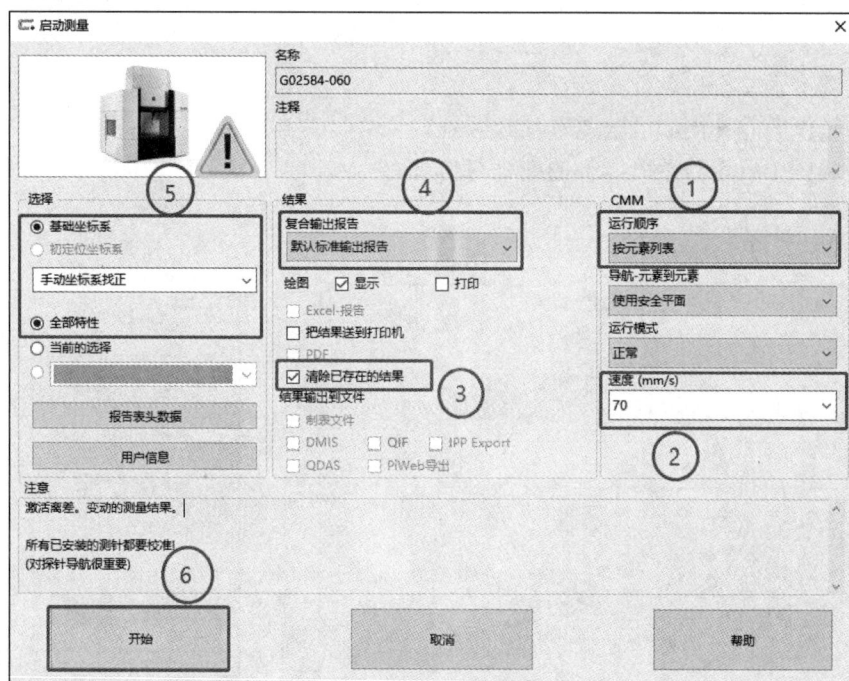

图 5-2-18 启动测量

9. 输出报告

程序运行完成，自动输出如图 5-2-19 所示测量报告。

图 5-2-19　测量报告

习　题

1. 位置度误差合格条件是什么?
2. 同轴度公差和同心度公差有什么区别?
3. 完成图 1 所示法兰盘零件的编程与仿真。

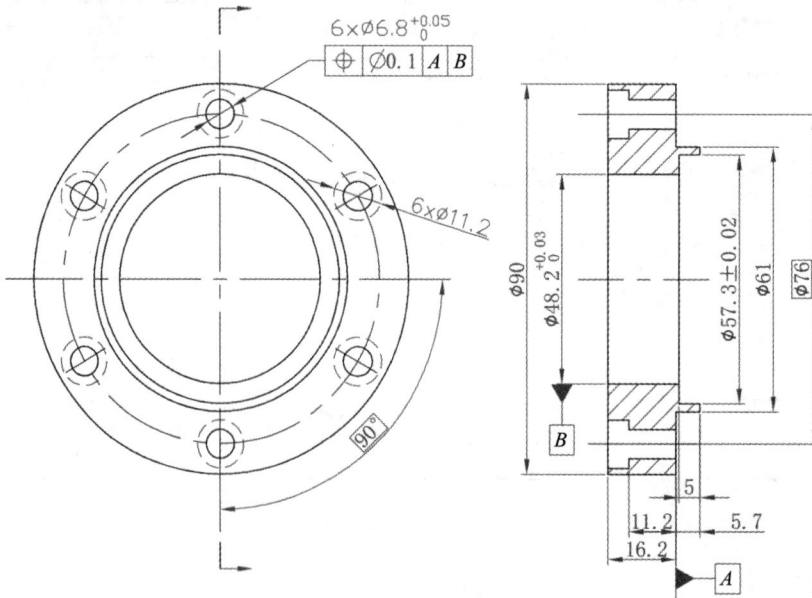

图 1　法兰盘图纸

项目六

跳动误差检测

项目引入

跳动公差包括圆跳动和全跳动。本项目要求掌握相关概念的含义，会使用三坐标测量机完成相关项目的检测，并出具检测报告。

项目思考

大国工匠徐立平——火药雕刻师，其工作过程时刻与死亡共舞，但他仍然严于律己，兢兢业业，努力工作。而精密测量工作的测量室工作环境很好，同学们将来步入工作岗位，更要珍惜工作不骄不躁，成为对社会有用的人。

任务一　阶梯轴检测

阶梯轴零件图纸如图 6-1-1 所示，该零件包含多项尺寸误差和跳动误差检测项目，要求使用三坐标测量机完成相关项目的检测，并出具检测报告。

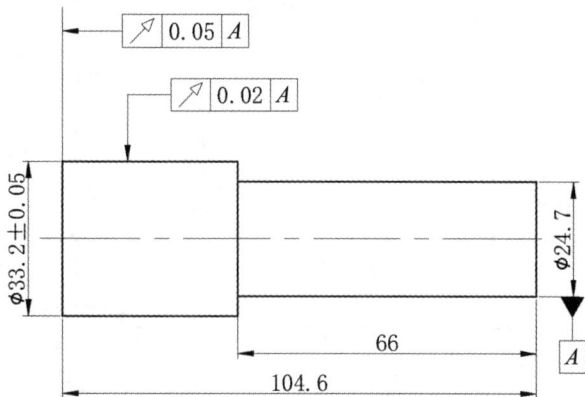

图 6-1-1　阶梯轴零件图纸

一、任务准备

1. 圆跳动公差

常见的圆跳动公差的标注及解读如表 6-1-1 所示。

表 6-1-1 圆跳动公差的标注及解读

形状公差项目	标注示例	识读	解读含义
径向圆跳动		被测圆柱面相对于基准 A 的径向圆跳动公差为 0.8 mm	 在任一垂直于基准 A 的横截面内，提取(实际)圆应限定在半径差等于 0.8 mm，圆心在基准轴线 A 上的两同心圆之间
轴向圆跳动		右端面对基准轴线 D 的轴向圆跳动公差为 0.1 mm	 在与基准轴线 D 同轴的任一圆柱形截面上，提取(实际)圆应限定在轴向距离等于 0.1 mm 的两个等圆之间
斜向圆跳动		被测面对基准轴线 C 的斜向圆跳动公差为 0.1 mm	 在与基准轴线同轴的任一圆锥截面上、间距等于公差值 t 的两圆所限定的圆锥面区域

2. 圆跳动误差及评价

圆跳动误差是指实际被测要素相对于理想要素的变动量，合格条件是：圆跳动误差值不大于圆跳动公差值。

以径向圆跳动为例，在菜单栏单击"形状与位置"→"跳动"→"径向跳动"，在特性功能标签下出现"径向跳动"图标，双击打开，弹出径向跳动对话框，该对话框各图标含义说明如图 6-1-2 所示。在"元素"按钮处选择测量元素，并设置基准，修改标识及公差值，即完成圆跳动误差的评价。

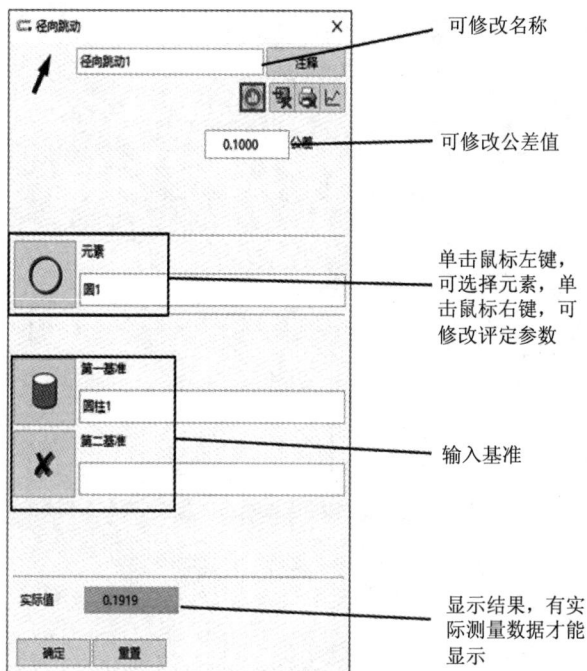

图 6-1-2 径向跳动对话框各图标含义说明

3. 跳动误差数据分析

以径向跳动为例，在径向跳动对话框点击 ，弹出如图 6-1-3 所示的 PiWeb reporting 对话框，单击"绘图"按钮，弹出如图 6-1-4 所示的 PlotProtocol 绘图报告界面，用于分析该径向跳动误差数据。

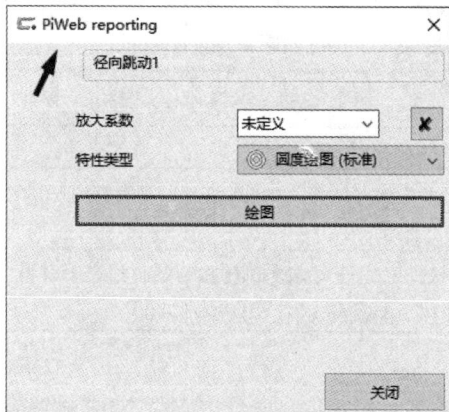

图 6-1-3 PiWeb reporting 对话框

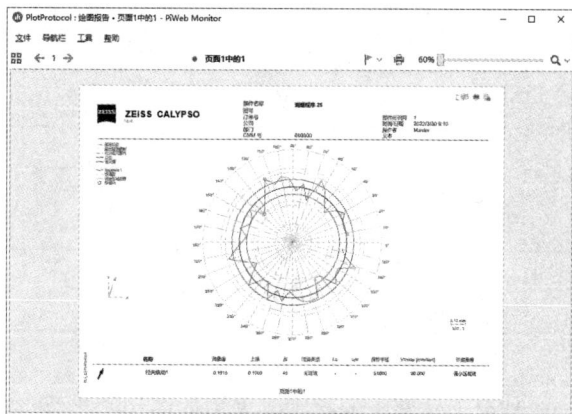

图 6-1-4 PlotProtocol 绘图报告界面

二、任务实施

1. 梳理测量项目

对测量项目进行梳理并编号，如图 6-1-5 所示，并对测量元素进行编号，如图 6-1-6 所示，形成如表 6-1-2 所示的测量项目表。

6-1

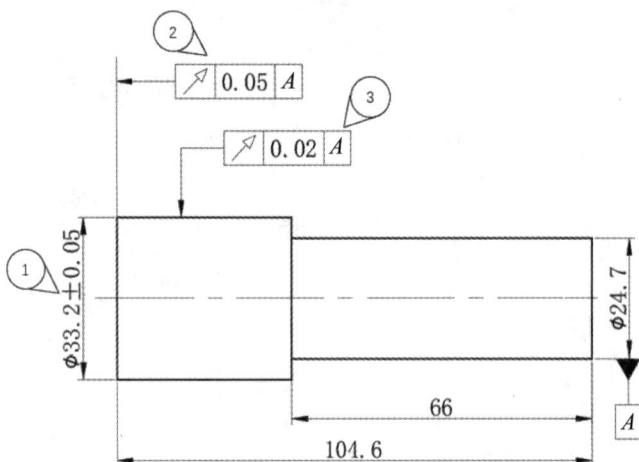

图 6-1-5 测量项目编号

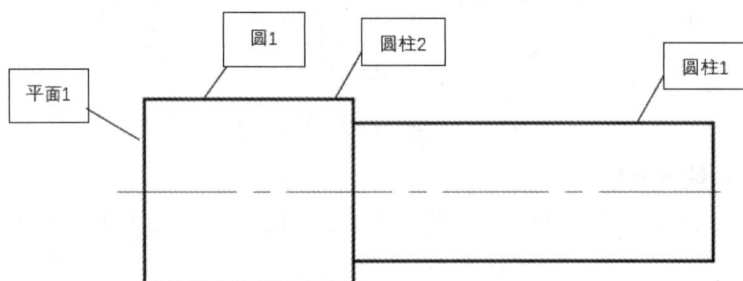

图 6-1-6 测量元素编号

表 6-1-2 测 量 项 目 表

序号	测 量 项 目	描　　述
1	$\phi\,33.2 \pm 0.05$	圆柱 2 直径
2	轴向圆跳动 0.05(基准 A)	平面 1 相对于基准 A(圆柱 1 的轴线)的轴向圆跳动 0.05
3	径向圆跳动 0.02(基准 A)	圆柱 2 上任意截面圆(例如圆 1)相对于基准 A(圆柱 1 的轴线)的径向圆跳动 0.02

2. 确定装夹方案

结合工件装夹的原则，采用如图 6-1-7 所示的装夹方案，保证一次装夹可完成全部元素的测量。

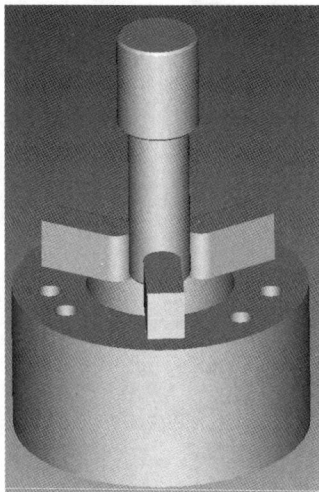

图 6-1-7　工件装夹方案

3. 探针选型与校准

对于带有旋转测座的传感器,可以选择 L58D3 探针,测针选择 1_A0B0、3_A0B90 和 5_A180B90,并进行校准。对于固定式传感器,可以选择 1 号、3 号和 5 号星型探针结构,本任务中以旋转测座的传感器为例进行介绍。

4. 建立基础坐标系

在"测量程序"功能标签下单击 ,弹出如图 6-1-8 所示的读取建立的或修改的基础坐标系对话框,采用默认设置,单击"确定"按钮,弹出基本坐标系对话框。按照图 6-1-9 所示内容选择对应的元素建立坐标系,建立完成后的坐标系显示如图 6-1-10 所示。

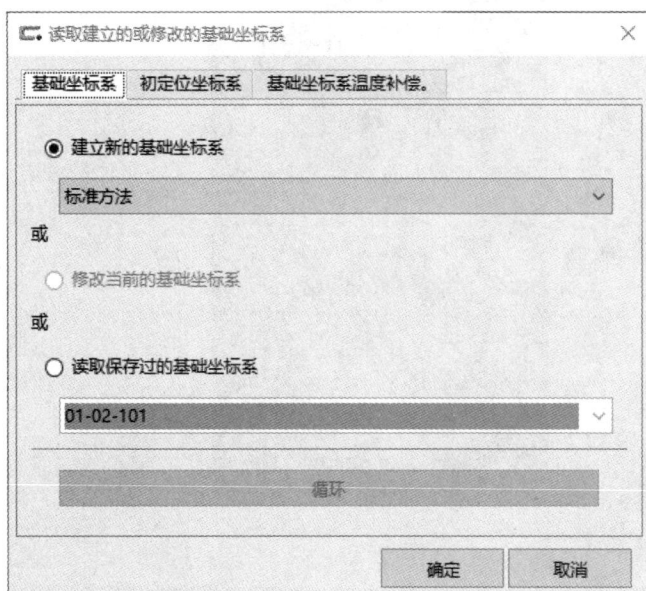

图 6-1-8　读取建立的或修改的基础坐标系对话框　　　　　图 6-1-9　建立坐标系

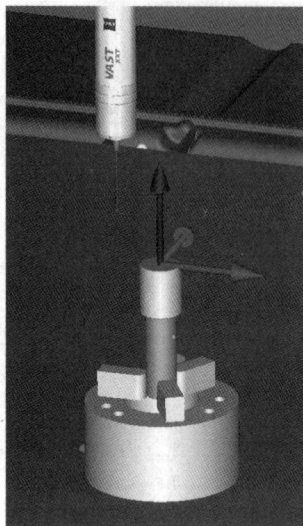

图 6-1-10　坐标系显示

5. 创建安全平面

在"测量程序"功能标签下单击 ，弹出如图 6-1-11 所示的安全平面对话框，单击"从 CAD 模型提取安全平面"按钮，在弹出的边界距离对话框中设置默认值 10 mm。单击"确定"按钮，完成安全平面的创建。

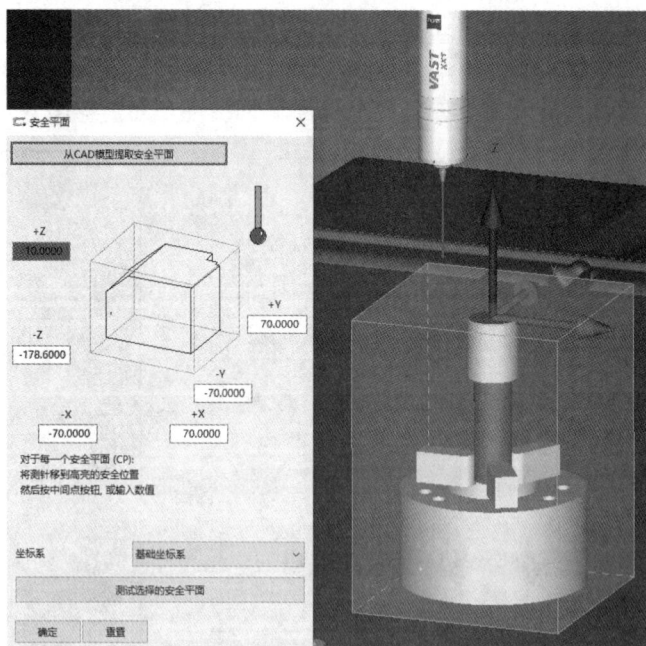

图 6-1-11　安全平面对话框

6. 定义元素及策略

按照图 6-1-6 测量元素编号依次定义元素，各元素按照表 6-1-3 进行测量策略及评定设置。

表 6-1-3　测量策略及评定设置

序号	元素	测量策略及评定设置	备注
1	圆柱 1	扫描三层圆路径，每层至少 425 点，勾选滤波和粗差，滤波参数低通滤波 50UPR	双探针测量圆路径，参考极杆测量的内容设置
2	平面 1	扫描一圈平面上的环形路径，步距间隔 0.1 mm，勾选滤波和粗差，滤波参数低通滤波，截止波长 0.8 mm	参考 COOKBOOK
3	圆 1	圆路径扫描至少 1270 点，勾选滤波和粗差，滤波参数低通滤波 150UPR	参考 COOKBOOK
4	圆柱 2	扫描三层圆路径，每层至少 1270 点，勾选滤波和粗差，滤波参数低通滤波 150UPR	参考 COOKBOOK

7. 定义特性

(1) 定义"$\phi 33.2 \pm 0.05$"特性。在菜单栏单击"尺寸"→"标准"→"直径"，在特性功能标签下出现"直径"图标，双击打开，弹出直径对话框，按照图 6-1-12 所示内容定义"$\phi 33.2 \pm 0.05$"特性。

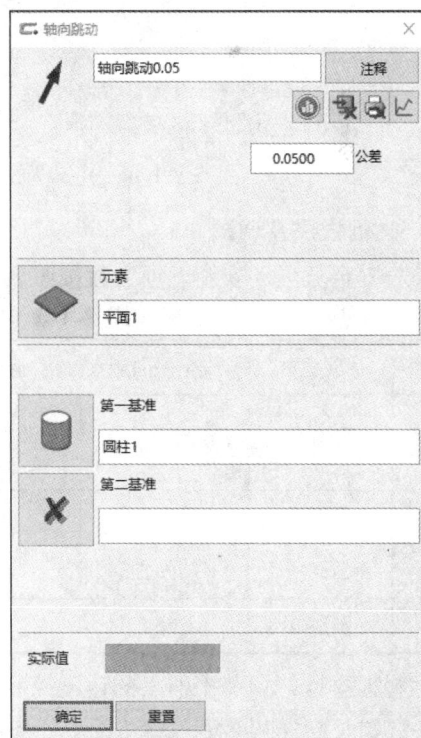

(2) 定义"轴向圆跳动 0.05(基准 A)"特性。在菜单栏单击"形状与位置"→"跳动"→"轴向跳动"，在特性功能标签下出现"轴向跳动"图标，双击打开，弹出轴向跳动对话框，按照图 6-1-13 所示内容定义"轴向圆跳动 0.05(基准 A)"特性。

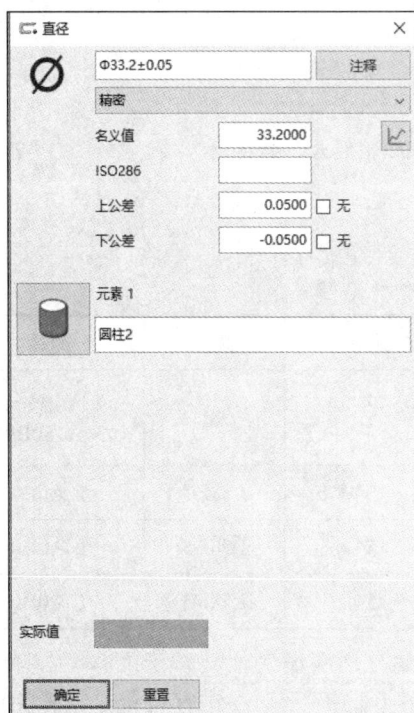

图 6-1-12　定义"$\phi 33.2 \pm 0.05$"特性

图 6-1-13　定义"轴向圆跳动 0.05(基准 A)"特性

(3) 定义"径向圆跳动 0.02(基准 A)"特性。在菜单栏单击"形状与位置"→"跳动"→"径向跳动",在特性功能标签下出现"径向跳动"图标,双击打开,弹出径向跳动对话框,按照图 6-1-14 所示内容定义"径向圆跳动 0.02(基准 A)"特性。

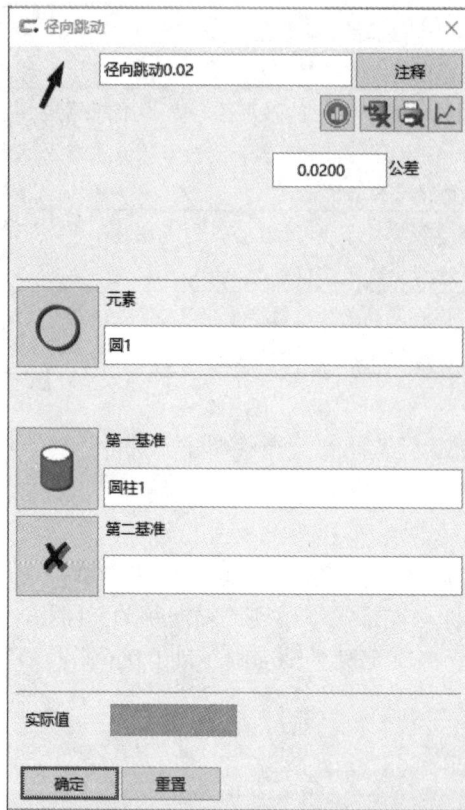

图 6-1-14　定义"径向圆跳动 0.02(基准 A)"特性

8. 运行程序及调试

检查安全五项,安全五项参数按照表 6-1-4 所示内容进行设置。

表 6-1-4　安全五项参数设置

序号	元素	安全平面组	安全距离	回退距离	探针	测针
1	圆柱 1	CP−X/ CP+X	0	5	L58D3	3_A0B90、5_A180B90
2	平面 1	CP+Z	0	5	L58D3	1_A0B0
3	圆 1	CP+Z	0	5	L58D3	1_A0B0
4	圆柱 2	CP+Z	0	5	L58D3	1_A0B0

运行程序前,调节手柄上的速度控制旋钮,将运行速度调到最慢。在菜单栏选择"程序"→"CNC-启动",进入启动测量界面。按照图 6-1-15 所示顺序进行设置,设置完成后单击"开始"按钮。

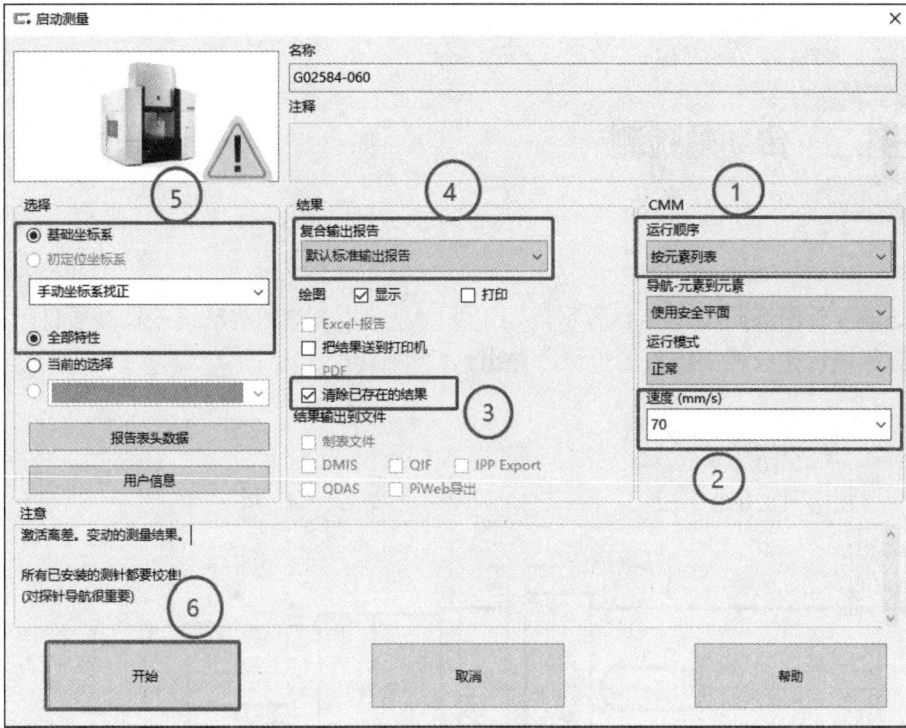

图 6-1-15　启动测量

9. 输出报告

程序运行完成，自动输出如图 6-1-16 所示测量报告。

图 6-1-16　测量报告

任务二 传动轴检测

传动轴零件图纸如图 6-2-1 所示，该零件包含尺寸误差和跳动误差检测项目，要求使用三坐标测量机完成相关项目的检测，并出具检测报告。

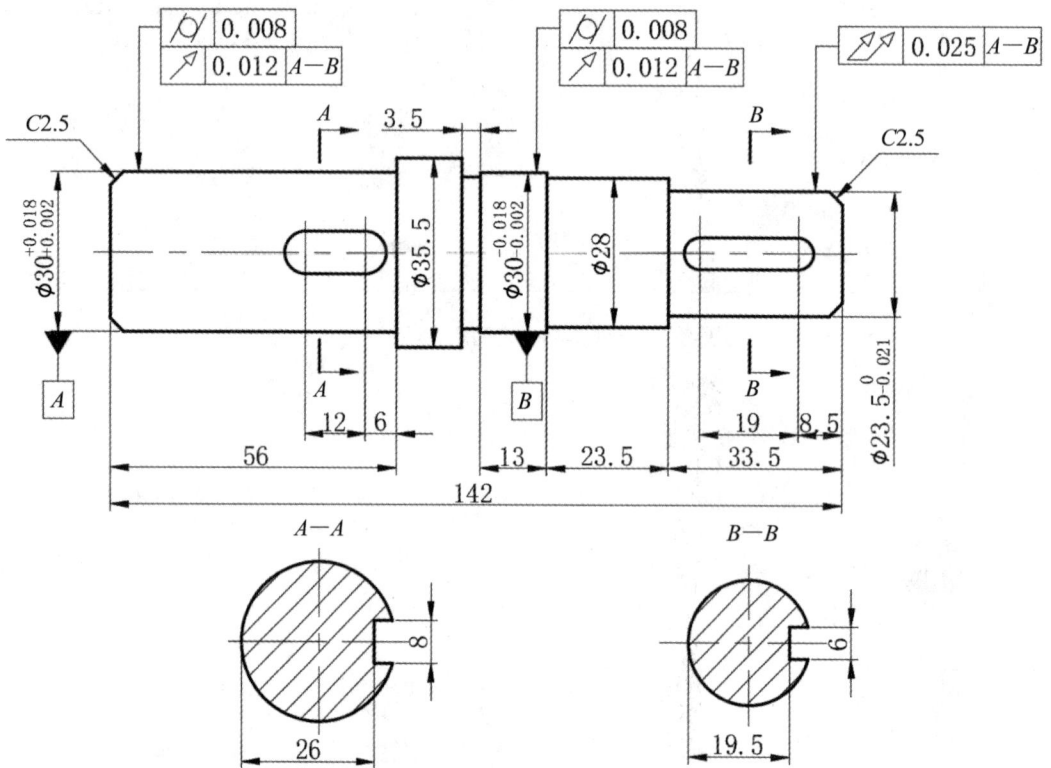

图 6-2-1 传动轴零件图纸

一、任务准备

1. 全跳动公差

全跳动公差的标注及解读如表 6-2-1 所示。

表 6-2-1　全跳动公差的标注及解读

形状公差项目	标 注 示 例	识读	解 读 含 义
径向全跳动	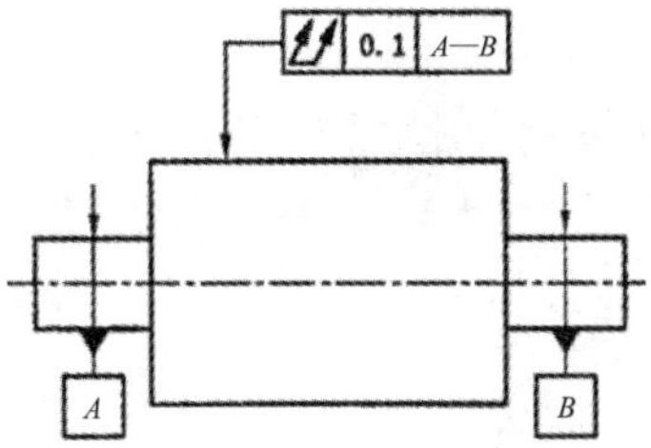	被测圆柱面对公共基准轴线 A—B 的径向全跳动公差为 $\phi\,0.1$ mm	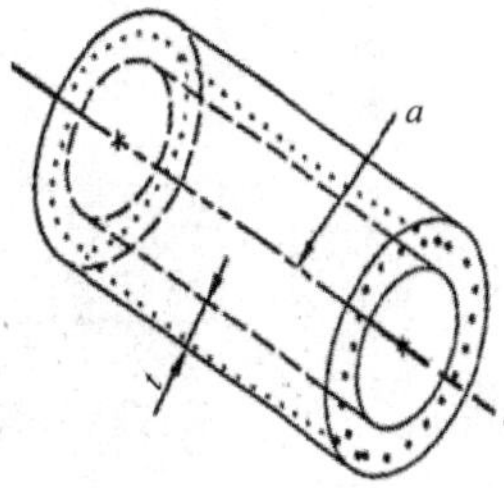 提取(实际)表面应限定在半径差等于 0.1 mm，与公共基准轴线 A—B 同轴的两圆柱面之间
轴向全跳动	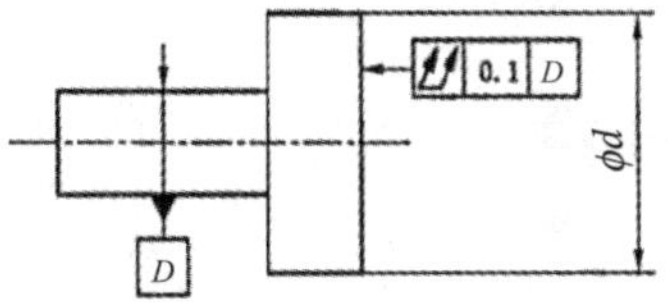	右端面对基准轴线 A 的轴向全跳动公差为 0.1 mm	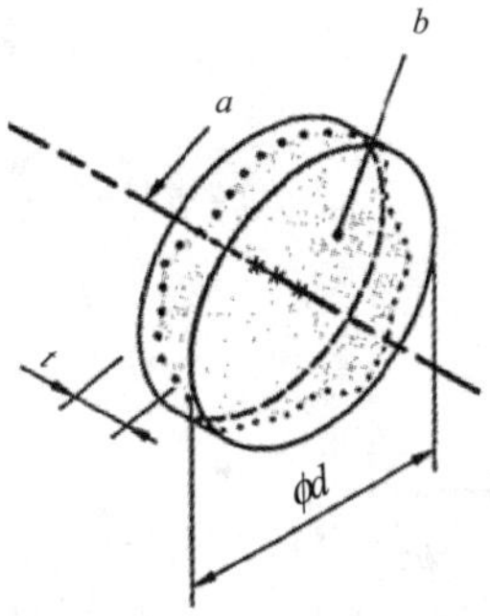 提取(实际)表面应限定在间距等于 0.1 mm，垂直于基准轴线 D 的两平行平面之间

2. 全跳动误差及评价

全跳动误差是指实际测量元素相对于理想元素的变动量，合格条件是：全跳动误差值不大于全跳动公差值。

以轴向全跳动为例，在菜单栏单击"形状与位置"→"跳动"→"轴向全跳动"，在特性功能标签下出现"轴向全跳动"图标，双击打开，弹出轴向全跳动对话框，轴向全跳动对话框各图标含义如图 6-2-2 所示。在轴向全跳动对话框"元素"按钮处选择测量元素，设置基准，修改标识及公差值，即完成同轴度误差的评价。

3. 全跳动误差数据分析

以轴向全跳动为例，在轴向全跳动对话框点击 ，弹出如图 6-2-3 所示的 PiWeb reporting 对话框，单击"绘图"按钮，弹出如图 6-2-4 所示的 PlotProtocol 绘图报告界面，用于分析该轴向全跳动误差数据。

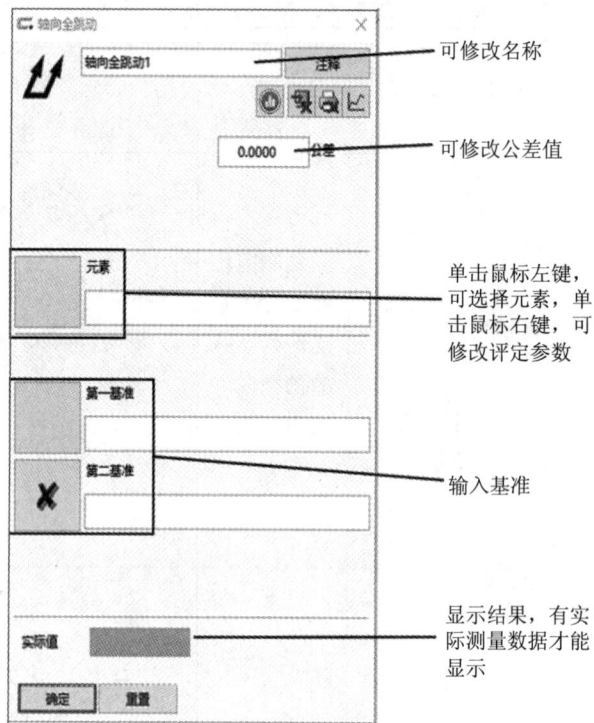

图 6-2-2　轴向全跳动对话框

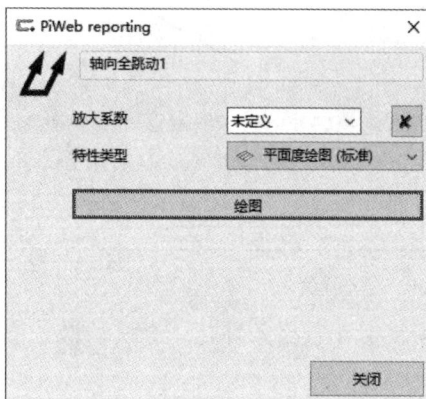

图 6-2-3　PiWeb reporting 对话框

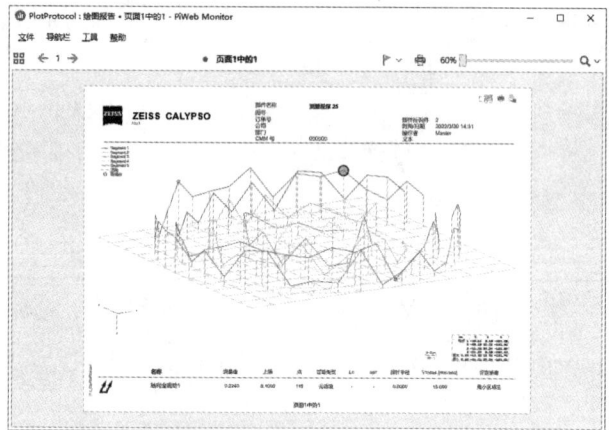

图 6-2-4　PlotProtocol 绘图报告界面

二、任务实施

1. 梳理测量项目

对测量项目进行梳理并编号，如图 6-2-5 所示，并对测量元素进行编号，如图 6-2-6 所示，形成如表 6-2-2 所示的测量项目表。

6-2

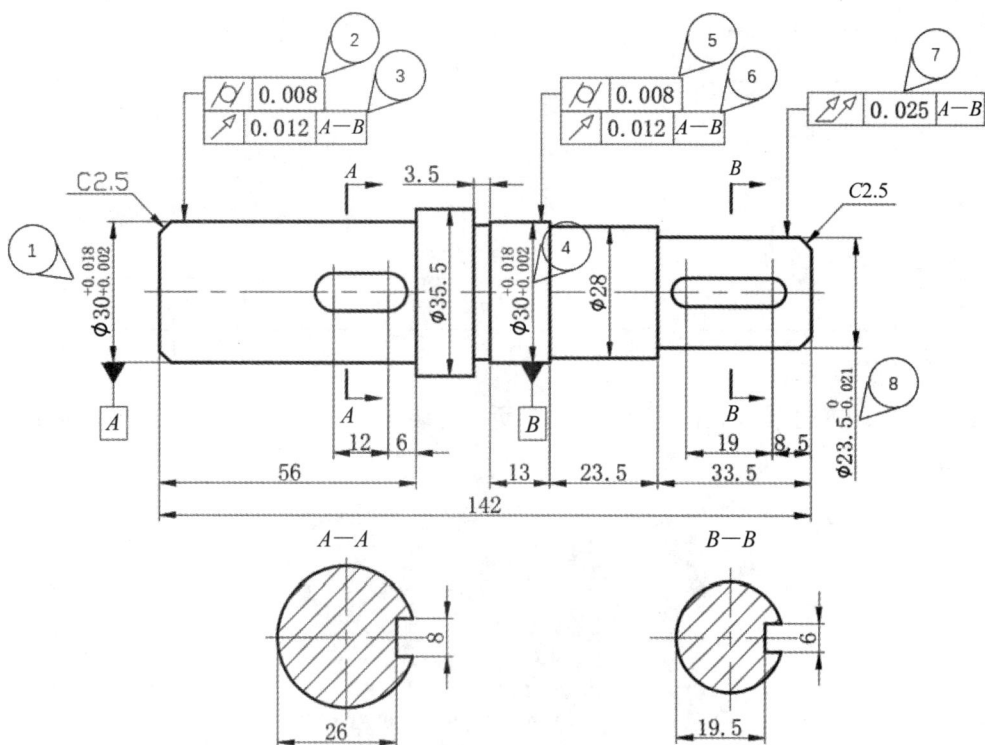

图 6-2-5 测量项目编号

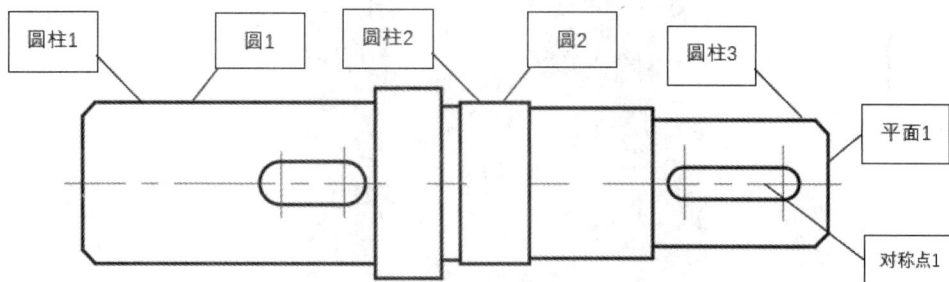

图 6-2-6 测量元素编号

表 6-2-2 测量项目表

序号	测量项目	描述
1	$\phi30^{+0.018}_{+0.002}$	圆柱 1 的直径
2	圆柱度 0.08	圆柱 1 的圆柱度
3	径向圆跳动 0.012(基准 A—B)	圆柱 1 上任一截面圆(例如圆 1)对基准 A—B(圆柱 1 和圆柱 2 的公共轴线)的径向圆跳动
4	$\phi30^{+0.018}_{+0.002}$	圆柱 2 的直径
5	圆柱度 0.08	圆柱 2 的圆柱度

序号	测量项目	描述
6	径向圆跳动 0.012(基准 A—B)	圆柱 2 上任一截面圆(如圆 2)对基准 A-B(圆柱 1 和圆柱 2 的公共轴线)的径向圆跳动
7	径向全跳动 0.025(基准 A—B)	圆柱 3 对基准 A—B(圆柱 1 和圆柱 2 的公共轴线)的径向全跳动
8	$\phi23.5^{0}_{-0.021}$	圆柱 3 的直径

2. 装夹方案

结合工件装夹的原则，采用如图 6-2-7 所示的装夹方案，保证一次装夹可完成全部元素的测量。

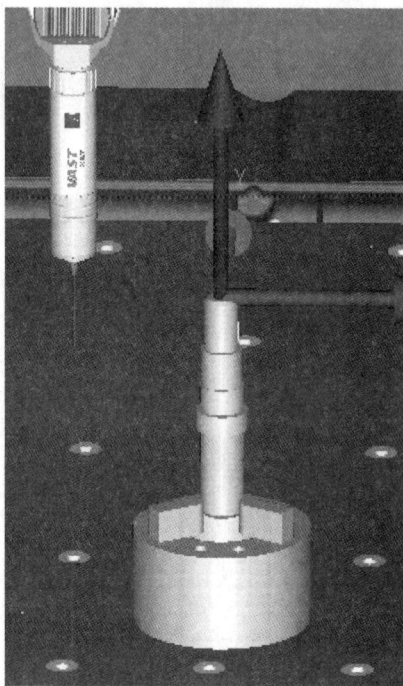

图 6-2-7　工件装夹方案

3. 探针选型与校准

对于带有旋转测座的传感器，可以选择 L58D3 探针，测针选用 1_A0B0、5_A180B90 两个方向，并进行校准。对于固定式传感器，可以选择 1 号、3 号的星型探针结构。本任务中以带有旋转测座的传感器为例进行介绍。

4. 建立基础坐标系

在测量程序功能标签下单击 ⃝ ，弹出如图 6-2-8 所示的读取建立的或修改的基础坐标系对话框，采用默认设置，单击"确定"按钮，弹出基本坐标系对话框。按照图 6-2-9 所示内容选择对应的元素建立坐标系，建立完成后的坐标系显示如图 6-2-10 所示。

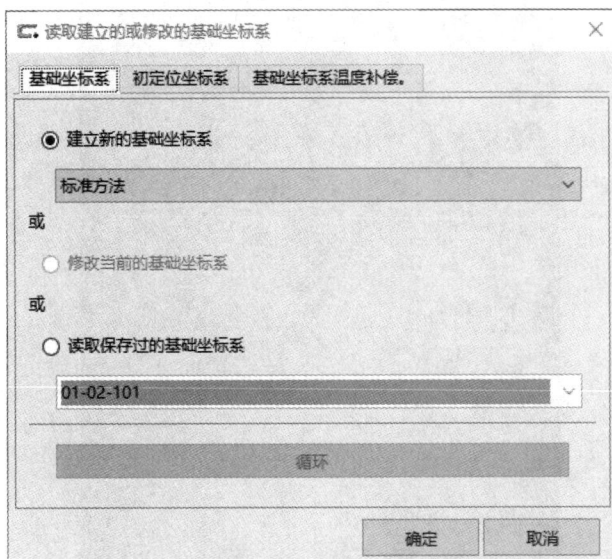

图 6-2-8　读取建立的或修改的基础坐标系对话框　　　　图 6-2-9　建立坐标系

图 6-2-10　坐标系显示

5. 创建安全平面

在测量程序功能标签下单击 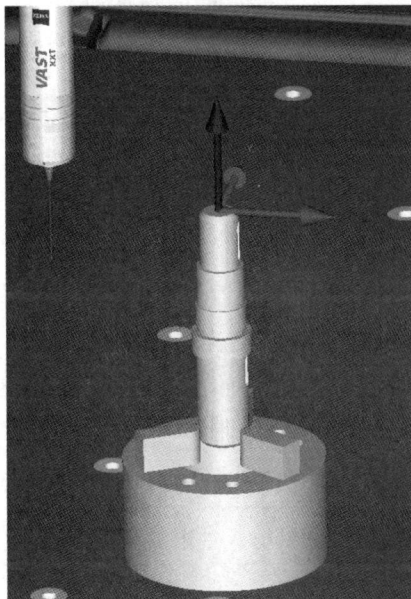，弹出如图 6-2-11 所示的安全平面对话框，单击"从 CAD 模型提取安全平面"按钮，在弹出的"边界距离"对话框中设置默认值 10 mm。单击"确定"按钮，完成安全平面的创建。

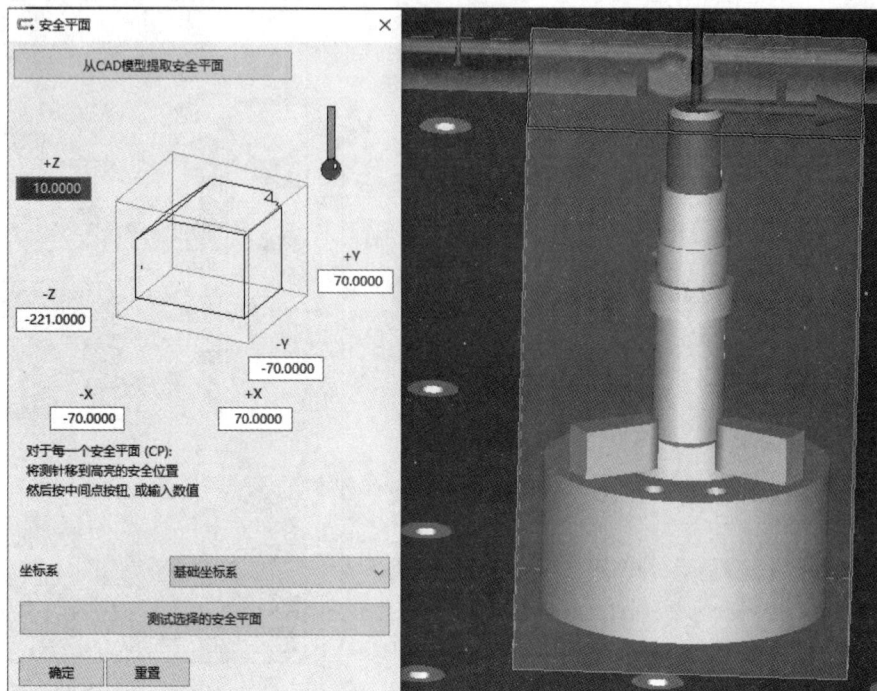

图 6-2-11　安全平面对话框

6. 定义元素及策略

按照图 6-2-6 测量元素编号依次定义元素，各元素按照表 6-2-3 进行测量策略及评定设置。

表 6-2-3　测量策略及评定设置

序号	元素	测量策略及评定设置	备　注
1	圆柱 1	扫描三层圆路径，每层至少 1270 点，勾选滤波和粗差，滤波参数低通滤波 150UPR	双探针测量圆路径，参考极杆测量的内容设置
2	圆柱 2	扫描两层圆路径，每层至少 1270 点，勾选滤波和粗差，滤波参数低通滤波 150UPR	双探针测量圆路径，参考极杆测量的内容设置
3	圆 1	调用圆柱 1 的其中一层圆路径的元素点构成	选用"调用元素点"功能
4	圆 2	调用圆柱 2 的其中一层圆路径的元素点构成	选用"调用元素点"功能
5	圆柱 3	扫描三层圆路径，每层至少 425 点，勾选滤波和粗差，滤波参数低通滤波 50UPR	参考 COOKBOOK
6	对称点 1	键槽的两面各取一个点构成	使用"对称点"元素
7	阶梯圆柱 A—B	调用圆柱 1 和圆柱 2 的元素点构成	选用"调用元素点"功能
8	平面 1	单点策略，均布 4 个点	

7. 定义特性

(1) 定义"$\phi 30^{+0.018}_{+0.002}$"特性。在菜单栏单击"尺寸"→"标准"→"直径",在特性功能标签下出现"直径"图标,双击打开,弹出直径对话框,按照图 6-2-12 所示内容定义直径特性。

(2) 定义"圆柱度 0.008"特性。在菜单栏单击"形状与位置"→"圆柱度",在特性功能标签下出现"圆柱度"图标,双击打开,弹出圆柱度对话框,按照图 6-2-13 所示内容定义"圆柱度 0.008"特性。

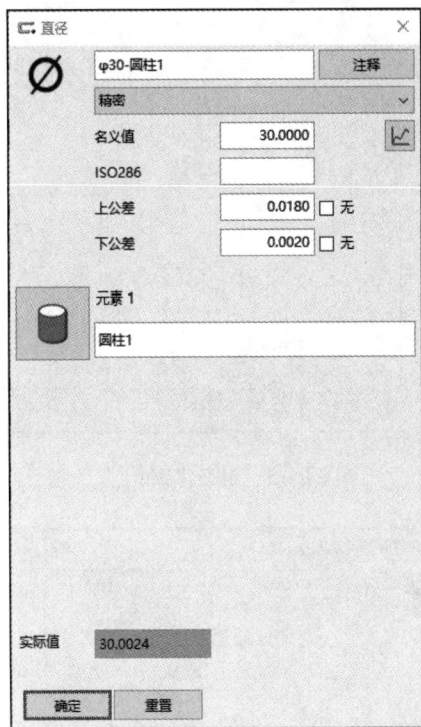

图 6-2-12 定义"$\phi 30^{+0.018}_{+0.002}$"特性

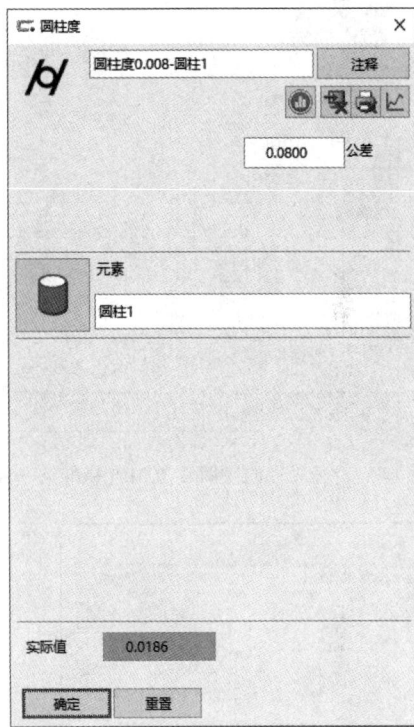

图 6-2-13 定义"圆柱度 0.008"特性

(3) 定义"径向圆跳动 0.012(基准 A—B)"特性。在菜单栏单击"形状与位置"→"跳动"→"径向跳动",在特性功能标签下出现"径向跳动"图标,双击打开,弹出径向跳动对话框,按照图 6-1-14 所示内容定义"径向圆跳动 0.012(基准 A—B)"特性。

(4) 定义"$\phi 30^{+0.018}_{+0.002}$"特性。在菜单栏单击"尺寸"→"标准"→"直径",在特性功能标签下出现"直径"图标,双击打开,弹出直径对话框,按照图 6-2-15 所示内容定义直径特性。

(5) 定义"圆柱度 0.008"特性。在菜单栏单击"形状与位置"→"圆柱度",在特性功能标签下出现"圆柱度"图标,双击打开,弹出圆柱度对话框,按照图 6-2-16 所示内容定义"圆柱度 0.008"特性。

(6) 定义"径向圆跳动 0.012(基准 A—B)"特性。在菜单栏单击"形状与位置"→"跳动"→"径向跳动",在特性功能标签下出现"径向跳动"图标,双击打开,弹出径向跳动对话框,按照图 6-1-17 所示内容定义"径向圆跳动 0.012(基准 A—B)"特性。

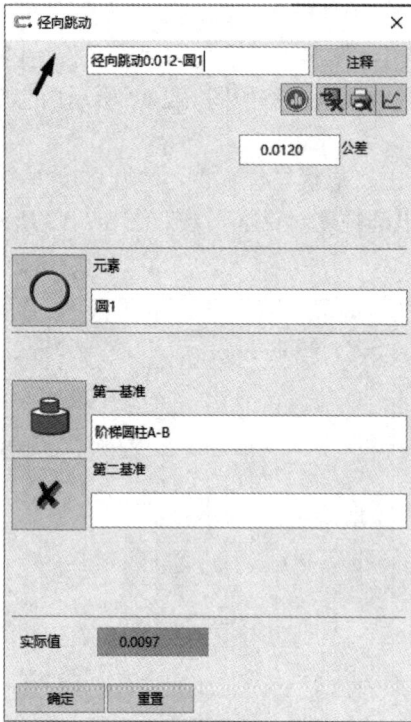

图 6-2-14 定义"径向圆跳动 0.012(基准 A—B)"特性

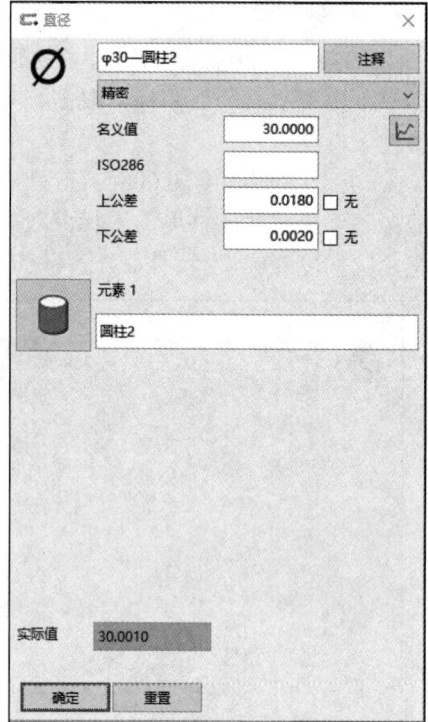

图 6-2-15 定义"$\phi 30^{+0.018}_{+0.002}$"特性

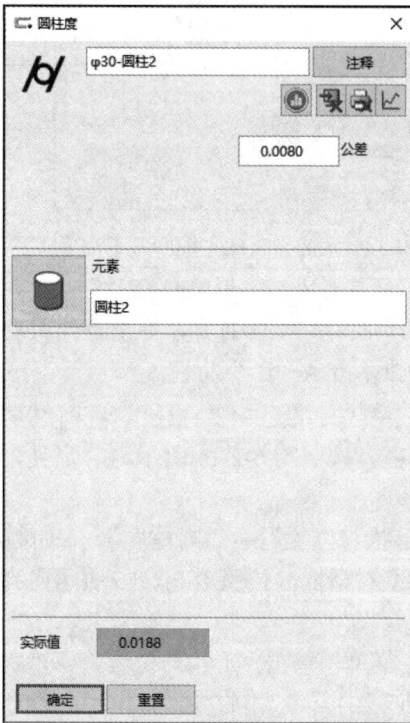

图 6-2-16 定义"圆柱度 0.008"特性

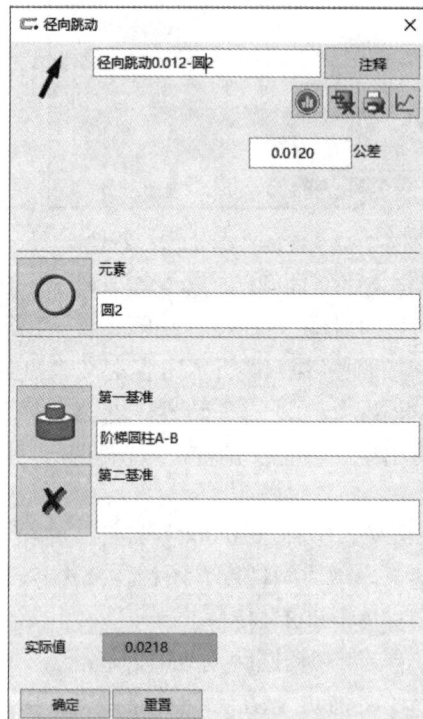

图 6-1-17 定义"径向圆跳动 0.012(基准 A—B)"特性

(7) 定义"径向全跳动 0.025(基准 A—B)"特性。在菜单栏单击"形状与位置"→"跳动"→"径向全跳动",在特性功能标签下出现"径向全跳动"图标,双击打开,弹出径向全跳动对话框,按照图 6-1-18 所示内容定义"径向全跳动 0.025(基准 A—B)"特性。

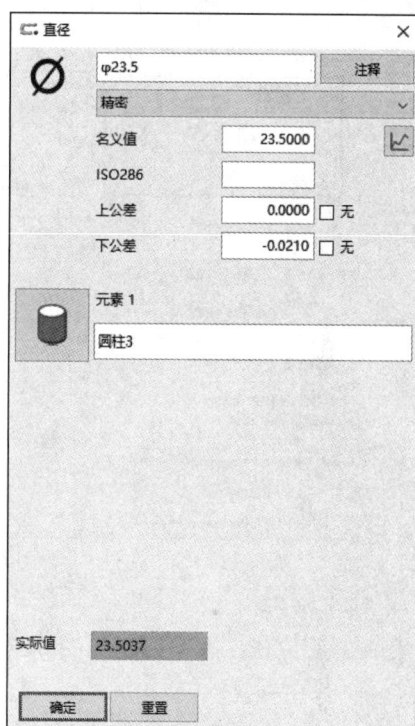

(8) 定义"$\phi 23.5^{0}_{-0.021}$"特性。在菜单栏单击"尺寸"→"标准"→"直径",在特性功能标签下出现"直径"图标,双击打开,弹出直径对话框,按照图 6-2-19 所示内容定义直径特性。

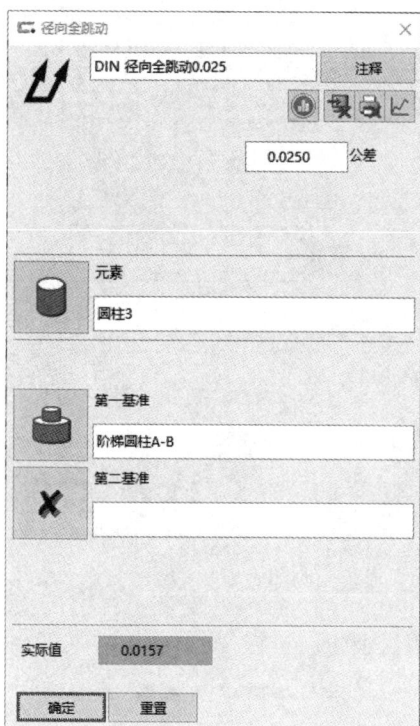

图 6-1-18　定义"径向全跳动 0.025(基准 A—B)"特性　　图 6-2-19　定义"$\phi 23.5^{0}_{-0.021}$"特性

8. 运行程序及调试

检查安全五项,安全五项参数按照表 6-2-4 所示内容进行设置。

表 6-2-4　安全五项参数设置

序号	元素	安全平面组	安全距离	回退距离	探针	测针
1	圆柱 1、圆柱 2	CP−X/ CP+X	0	5	L58D3	3_A0B90、5_A180B90
2	圆柱 3	CP+Z	0	5	L58D3	1_A0B0
3	对称点 1	CP+X	0	1	L58D3	5_A180B90
4	平面 1	CP+Z	0	5	L58D3	1_A0B0
5	阶梯圆柱 A—B	—	—	—	—	—
6	圆 1	—	—	—	—	—
7	圆 2	—	—	—	—	—

运行程序前，调节手柄上的速度控制旋钮，将运行速度调到最慢。在菜单栏选择"程序"→"CNC-启动"，进入启动测量界面。按照图 6-2-20 所示顺序进行设置，设置完成后单击"开始"按钮。

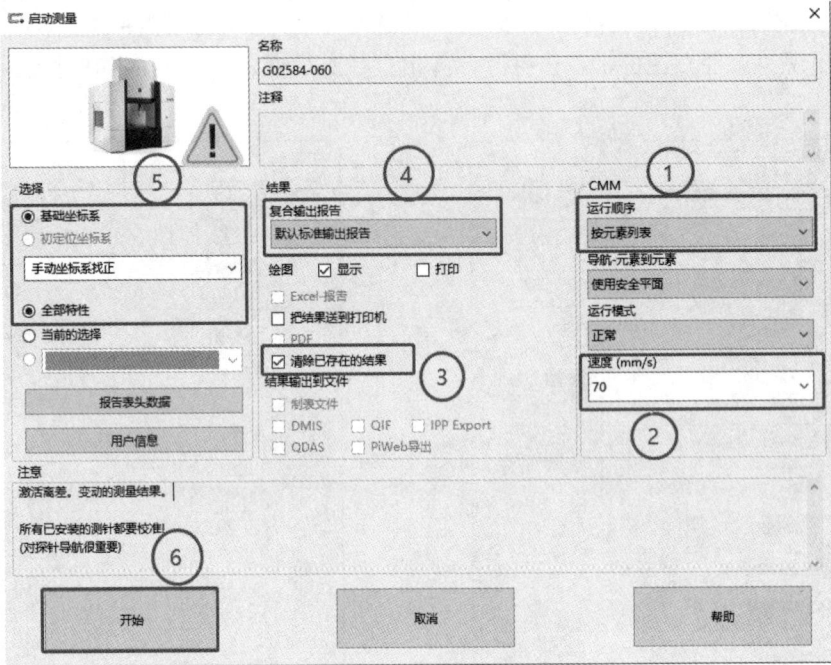

图 6-2-20　启动测量

9. 输出报告

程序运行完成，自动输出如图 6-2-21 所示的测量报告。

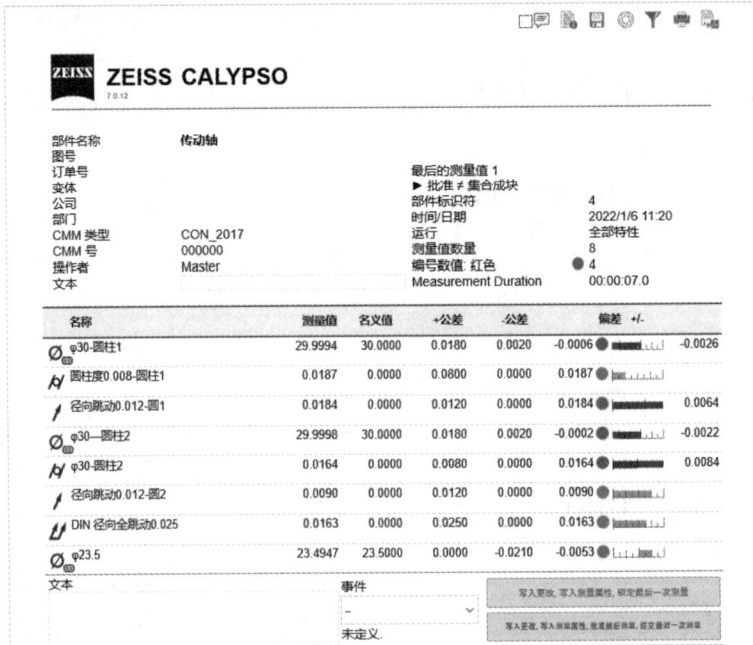

图 6-2-21　测量报告

习　题

1. 圆度公差和圆跳动公差的公差带相同吗？
2. 相同的测量元素和基准，径向圆跳动误差值一定小于或等于径向全跳动误差值吗？

项目七

曲线曲面检测

项目引入

接头零件图纸如图 7-0-1 所示，该零件包含曲线和曲面检测项目。本项目要求使用三坐标测量机完成相关项目的检测，并出具检测报告。

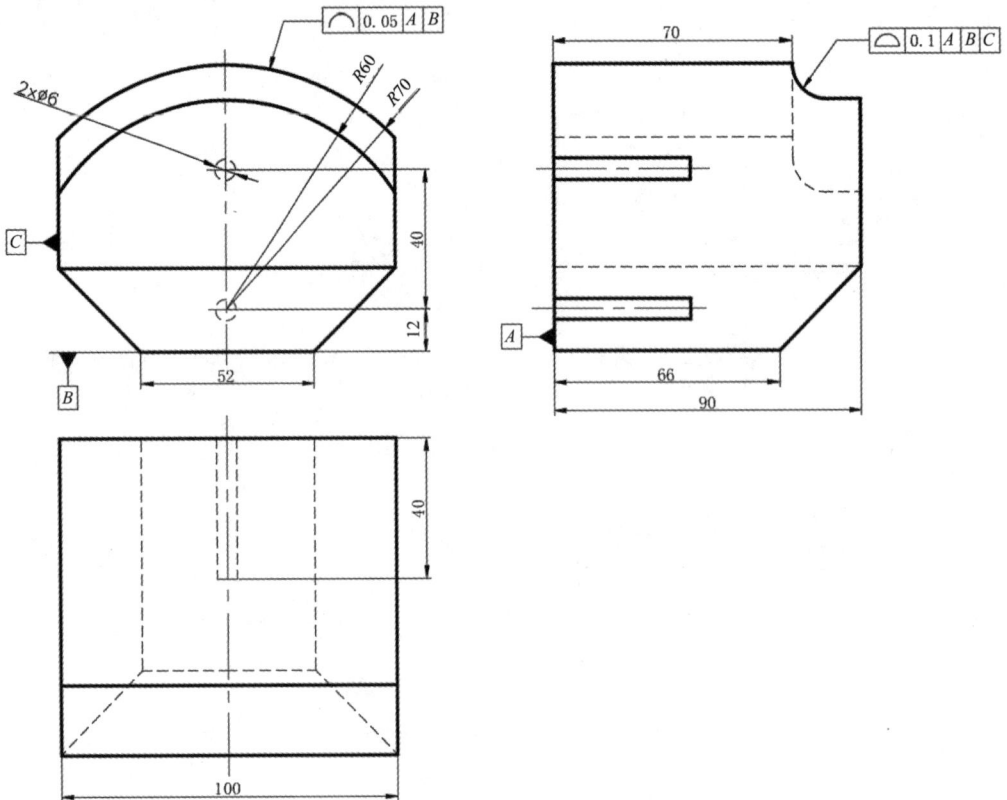

图 7-0-1　接头零件图纸

项目思考

线轮廓度和面轮廓度公差按照国标分类，既属于形状公差，也属于方向公差和位置公差，它们在标注以及对测量元素的约束上有什么区别呢？

任务一　曲线检测

一、相关知识

(1) 线轮廓度公差。常见的线轮廓度公差的标注及解读如表 7-1-1 所示。

表 7-1-1　线轮廓度公差的标注及解读

形状公差项目	标 注 示 例	识读	解 读 含 义
无基准的线轮廓度公差	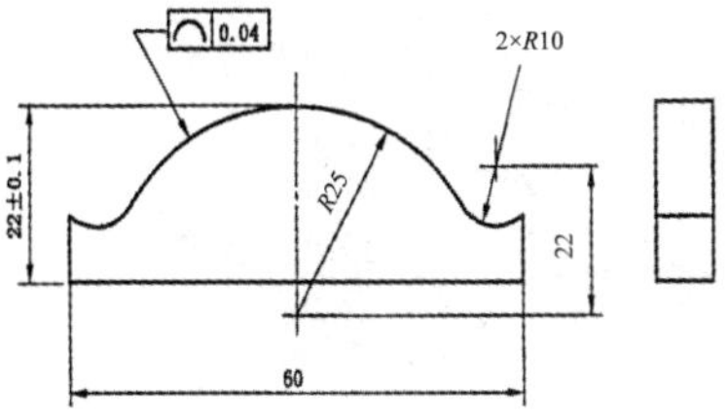	被测曲线的线轮廓度公差为 0.04 mm	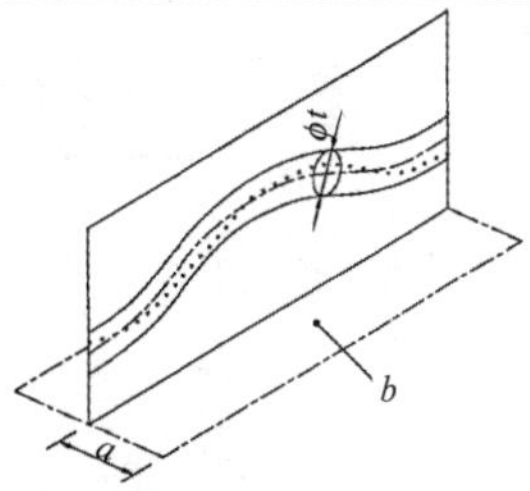 在任一平行于图示投影面的截面内，提取(实际)轮廓线应限定在直径等于 0.04 mm、圆心位于被测要素理论正确几何形状上的一系列圆的两包络线之间
相对于基准体系的线轮廓度公差	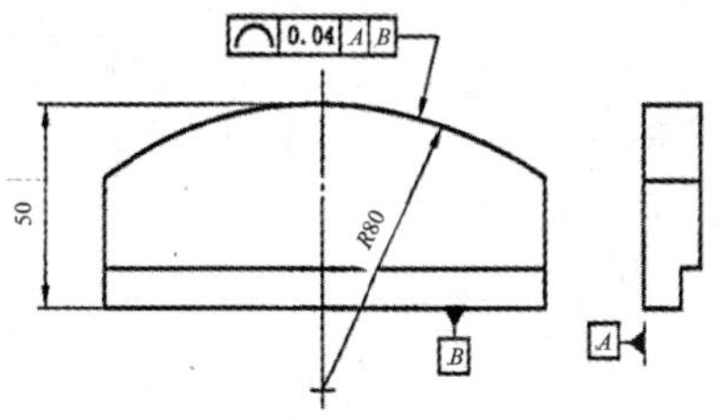	被测曲线相对于基准 A、B 的线轮廓度公差为 0.04 mm	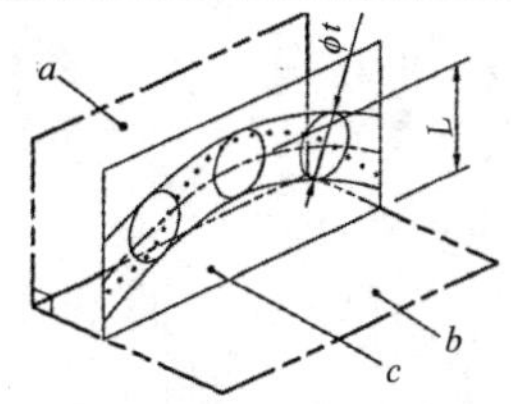 在任一平行于图示投影面内，提取(实际)轮廓线应限定在直径等于 0.04 mm、圆心位于由基准平面 A 和基准平面 B 确定的被测要素理论正确几何形状上的一系列圆的两等距包络线之间

(2) 线轮廓度误差及评价。线轮廓度误差是指实际被测要素相对于理想要素的变动量，合格条件是线轮廓度误差值不大于线轮廓度公差值。

在菜单栏单击"形状与位置"→"线轮廓度",在特性功能标签下出现"线形轮廓度"图标,双击打开,弹出线形轮廓度对话框,该对话框各图标含义说明如图 7-1-1 所示。在"元素"按钮处选择被测元素,并设置基准,修改标识及公差值,即可完成线轮廓度误差的评价。

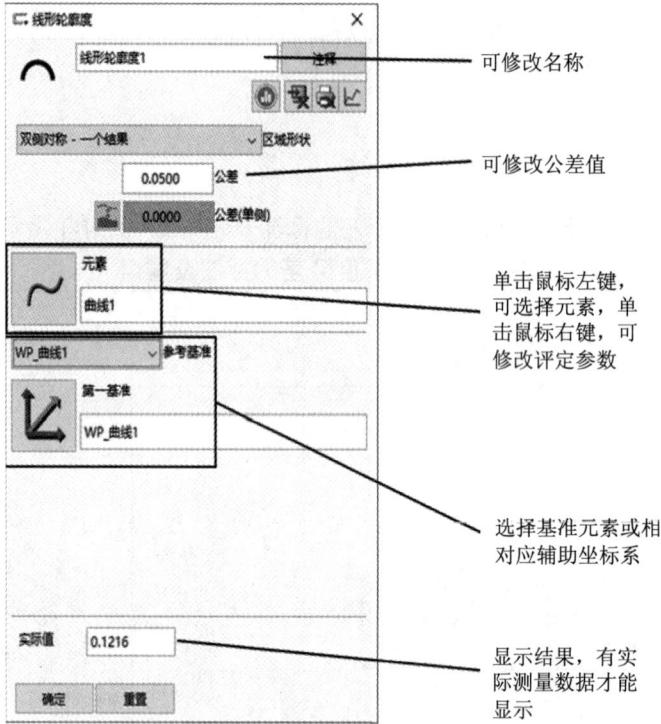

图 7-1-1　线形轮廓度对话框各图标含义说明

(3) 线轮廓度误差数据分析。在"线形轮廓度"对话框点击 ⊙ ,弹出如图 7-1-2 所示的 PiWeb reporting 对话框,单击"绘图"按钮,弹出如图 7-1-3 所示的 PlotProtocol 绘图报告对话框,用于分析该线轮廓度误差数据。在图 7-1-2 所示的 PiWeb reporting 对话框将"输出点列表"后的下拉菜单选择"打开",则在输出的报告中显示各个测量点的偏差数据。

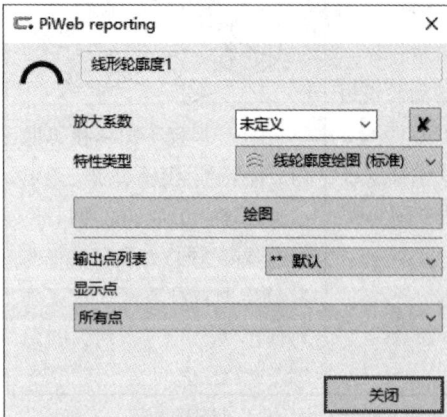

图 7-1-2　PiWeb reporting 对话框

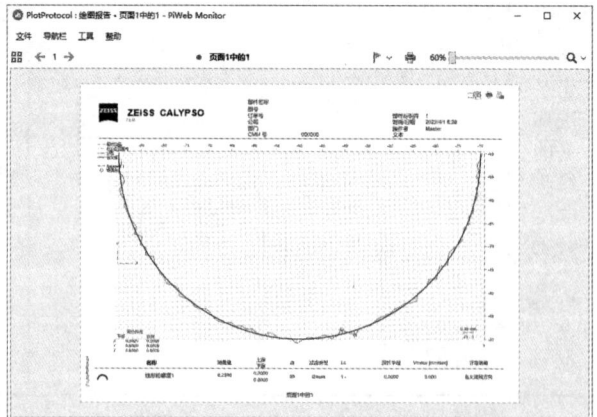

图 7-1-3　PlotProtocol 绘图报告对话框

二、任务实施

1. 梳理测量项目

对测量项目进行梳理并编号，如图 7-1-4 所示；对测量元素进行编号，如图 7-1-5 所示，形成表 7-1-2 所示的测量项目表。

7-1

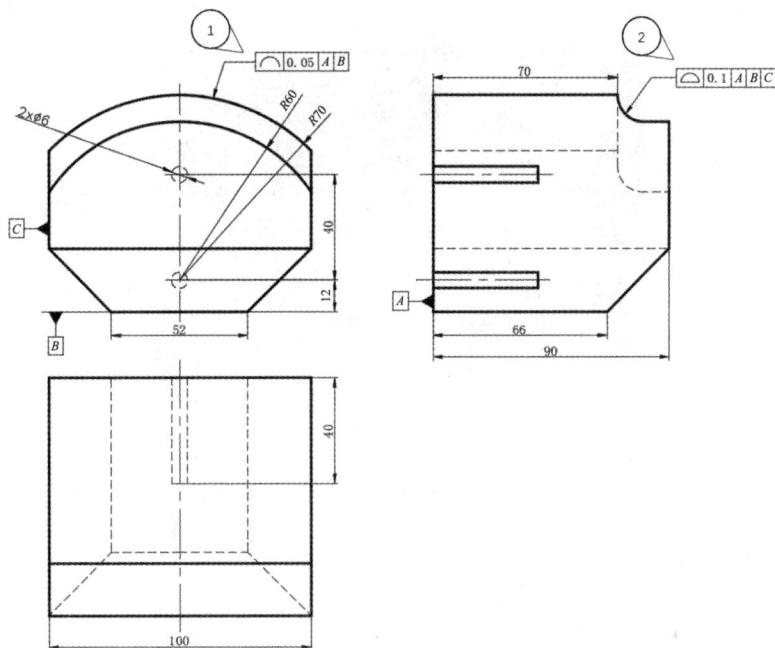

图 7-1-4　测量项目编号

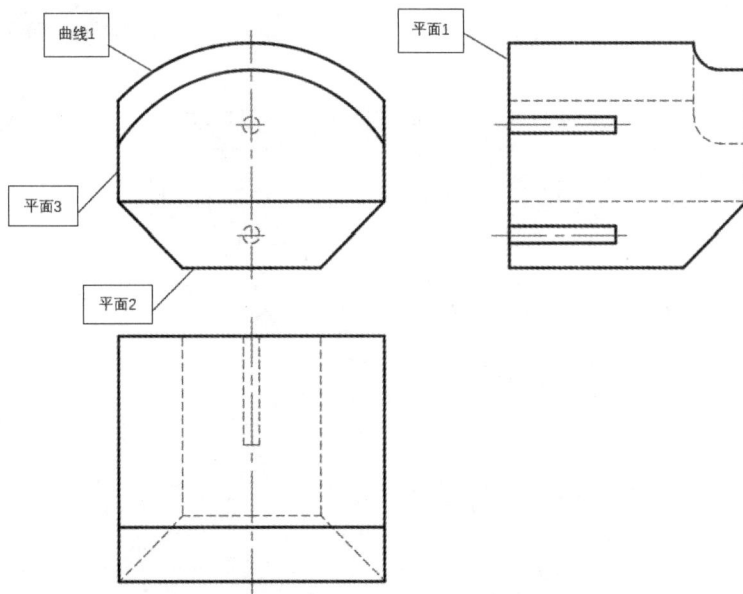

图 7-1-5　测量元素编号

表 7-1-2　测 量 项 目 表

序号	测量项目	描　述
1	曲线的线轮廓度 0.05(基准 A、B)	曲线的线轮廓度 0.05

2. 确定装夹方案

结合工件装夹的原则，采用如图 7-1-6 所示的装夹方案，保证一次装夹可完成全部元素的测量。

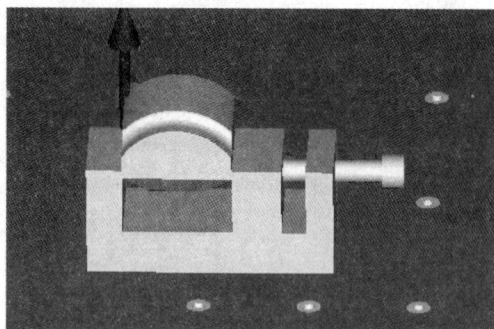

图 7-1-6　工件装夹方案

3. 探针选型与校准

对于带有旋转测座的传感器，可以选择 L58D3 探针，测针选 1_A0B0 和 4_A90B90，并进行校准。对于固定式传感器，可以选择 1 号和 4 号星型探针结构，本任务以旋转测座的传感器为例进行介绍。

4. 建立基础坐标系

在测量程序功能标签下单击 ，弹出如图 7-1-7 所示的读取建立的或修改的基础坐标系对话框，采用默认设置，单击"确定"按钮，弹出基本坐标系对话框。按照如图 7-1-8 所示内容选择对应的元素建立坐标系，建立完成后的坐标系显示如图 7-1-9 所示。

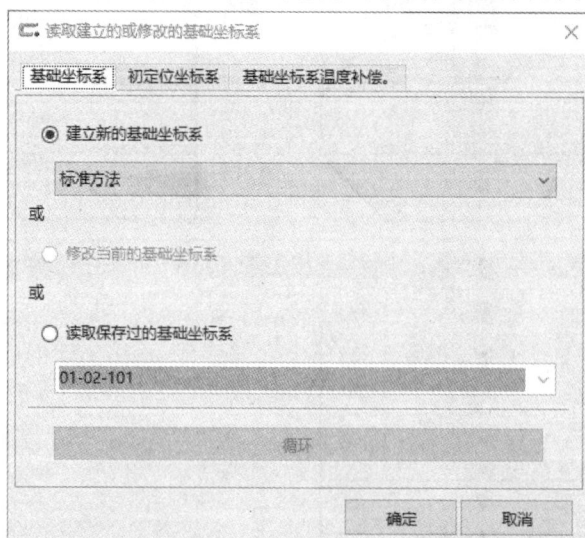

图 7-1-7　读取建立的或修改的基础坐标系对话框

图 7-1-8　建立坐标系

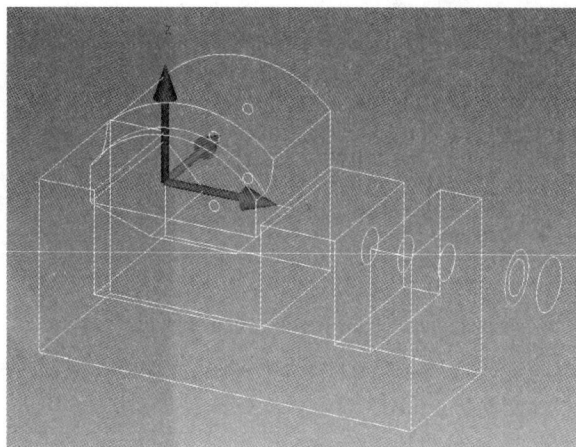

图 7-1-9　坐标系显示

5. 创建安全平面

在测量程序功能标签下单击 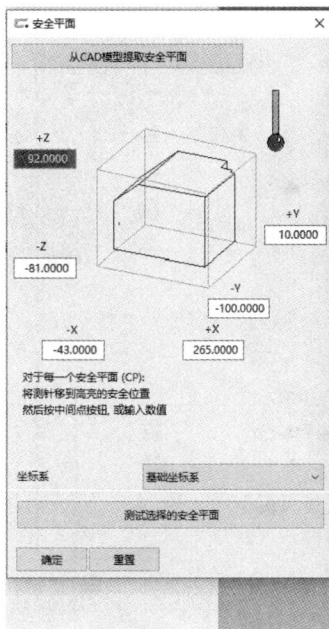，弹出如图 7-1-10 所示的安全平面对话框，单击"从 CAD 模型提前安全平面"按钮，在弹出的边界距离对话框采用默认值 10 mm。单击"确定"按钮，完成安全平面的创建。

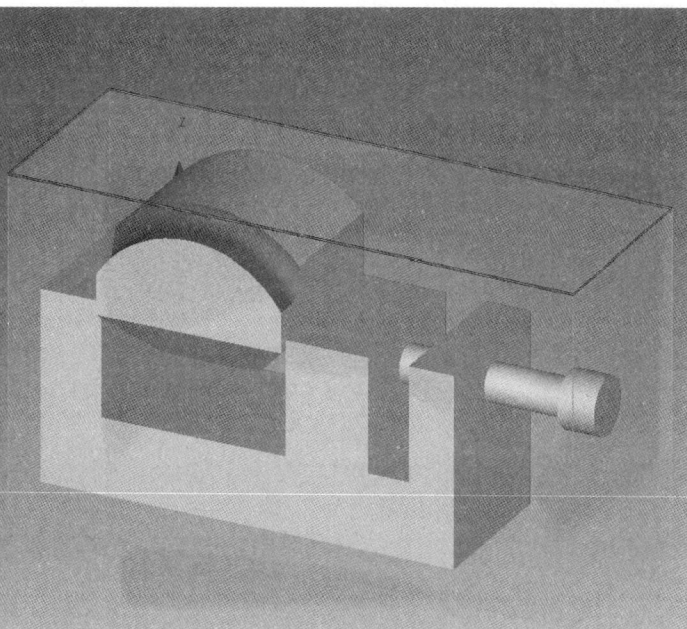

图 7-1-10　安全平面对话框

6. 定义曲线及策略

(1) 定义曲线。在菜单栏单击"CAD"→"创建元素",弹出创建元素对话框,选择"截面"选项卡,如图 7-1-11 所示,通过设置坐标、法线方向、扩展等参数,得到一个合适的截面,单击"截面"按钮,在工件上得到截交曲线,如图 7-1-12 所示。

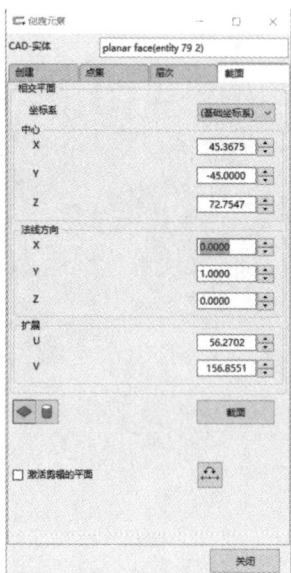

图 7-1-11　截面界面

图 7-1-12　截交曲线

在创建元素对话框切换到创建选项卡,鼠标左键在 CAD 模型上单击选择被测曲线(选中的曲线会变为紫红色),如图 7-1-13 所示。将"点"参数设置为 200,单击"〰曲线"选项,如图 7-1-14 所示,在元素功能标签下生成创建的"曲线"。

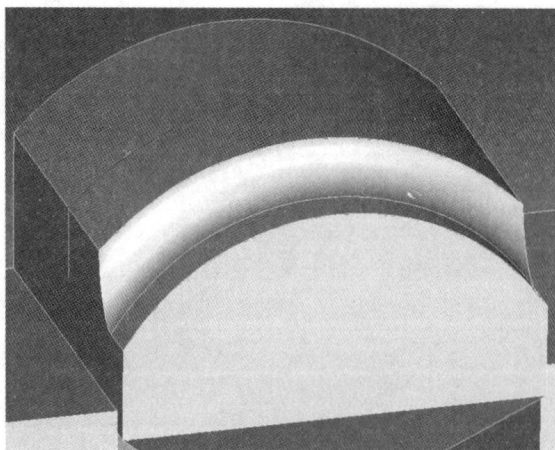

图 7-1-13　选择曲线

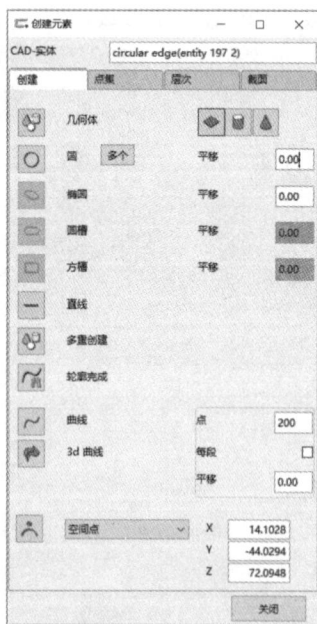

图 7-1-14　创建选项

(2) 设置曲线策略。在元素功能标签下双击新创建的"曲线",弹出元素对话框,单击"策略"按钮,弹出策略对话框,双击"分段",弹出分段对话框,设置速度参数为 3.0,步距参数为 0.1,如图 7-1-15 所示。注意,速度通常设置在 2～5 mm/s,步距通常设置在 0.1～0.5 mm。

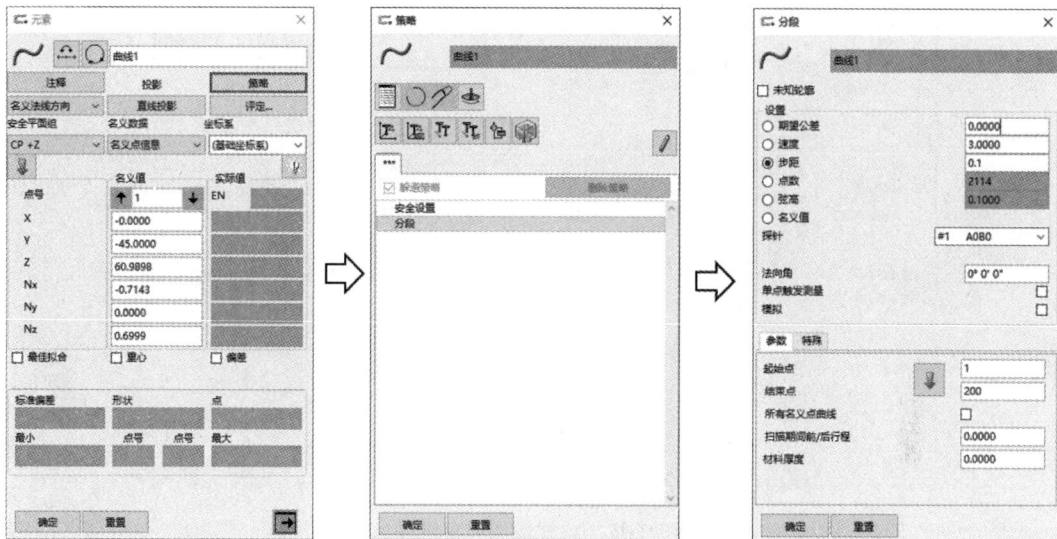

图 7-1-15　设置策略

(3) 设置评定参数。在元素功能标签下双击新创建的"曲线",弹出元素对话框,单击"评定"按钮,弹出评定对话框,勾选"滤波"和"粗差清除",并设置滤波波长 Lc 为 0.8 mm,如图 7-1-16 所示。

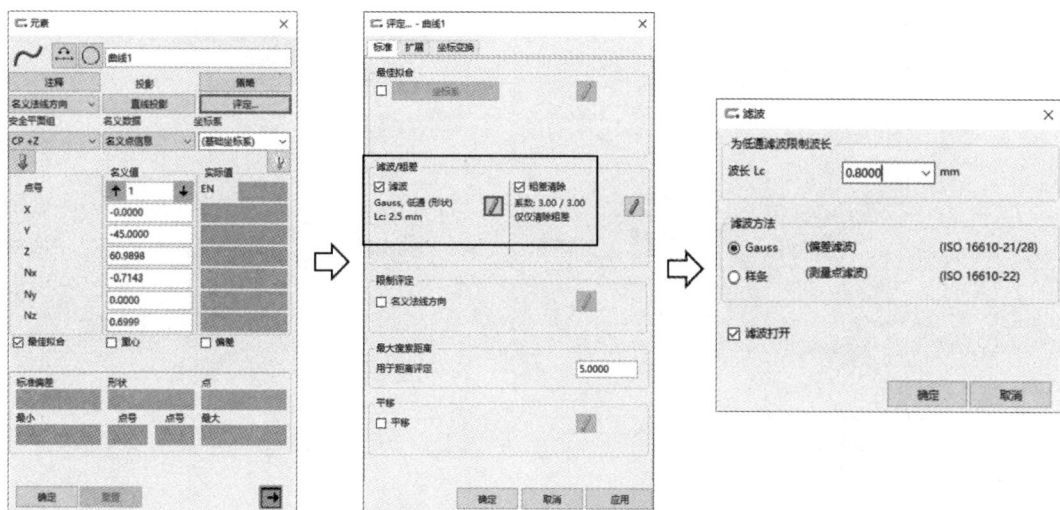

图 7-1-16　设置滤波和粗差

在评定界面,勾选"坐标系"选项,单击坐标系编辑"✎"按钮,弹出最佳拟合对话框,在此对话框通过设置,仅保留勾选"沿 X"选项,如图 7-1-17 所示,单击"确定"按钮。

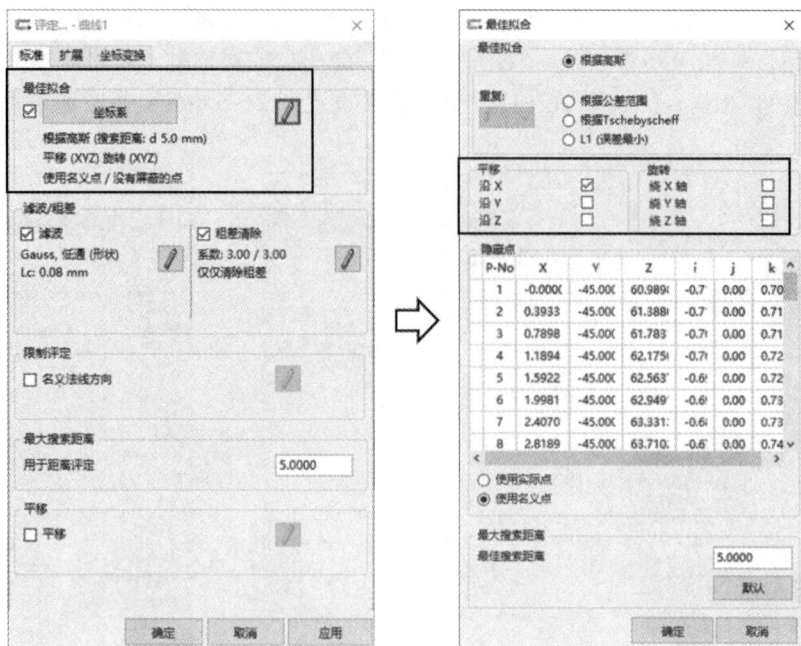

图 7-1-17 设置最佳拟合坐标系

在评定对话框单击" ___坐标系___ ",弹出创建坐标系对话框,单击"应用",弹名称对话框,采用默认的名称,单击确定,如图 7-1-18 所示。在特性功能标签下生成"WPS_曲线 1"坐标系,完成最佳拟合坐标系的创建。

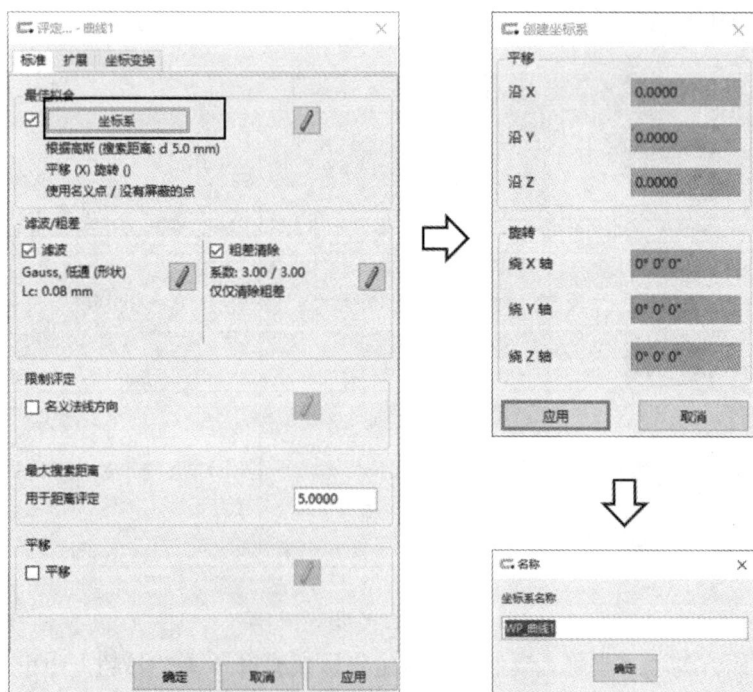

图 7-1-18 生成最佳拟合坐标系

(4) 基准平面及策略。平面 1~平面 3 采用多义线扫描策略，步距 0.1 mm，勾选滤波和粗差，滤波波长 0.8 mm。

7. 定义特性

定义"曲线的线轮廓度 0.05(基准 A、B)"特性。在菜单栏单击"形状与位置"→"线轮廓度"，在特性功能标签下出现"线形轮廓度"图标，双击打开，弹出线形轮廓度对话框，按照图 7-1-19 所示内容定义"曲线的线轮廓度 0.05(基准 A、B)"特性。注意，基准选择"WP_曲线 1"坐标系。

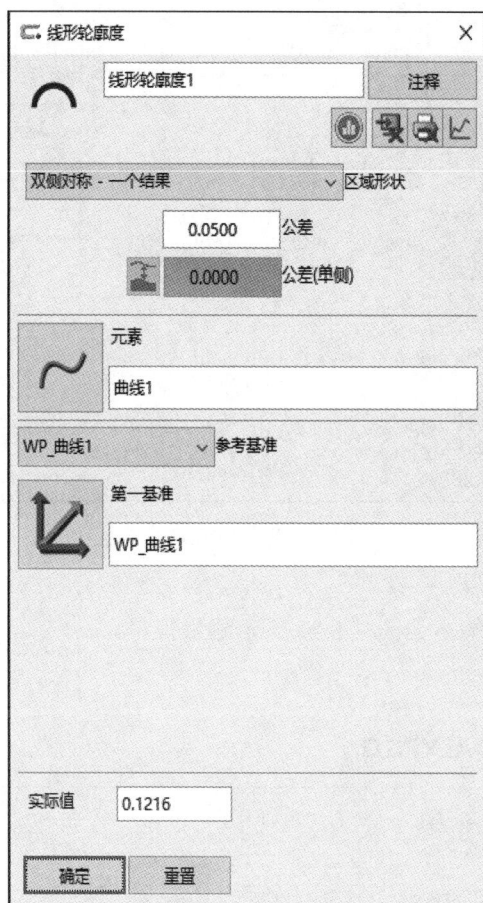

图 7-1-19　定义"曲线的线轮廓度 0.05(基准 A、B)"特性

8. 运行程序及调试

检查安全五项，安全五项参数按照表 7-1-3 所示内容进行设置。

表 7-1-3　安全五项参数设置

序号	元素	安全平面组	安全距离	回退距离	探针	测针
1	平面 1、平面 2	CP+Y	0	5	L58D3	4_A90B90
2	平面 3	CP+Z	0	5	L58D3	1_A0B0
3	曲线 1	CP+Z	0	5	L58D3	1_A0B0

运行程序前，调节手柄上的速度控制旋钮，将运行速度调到最慢。在菜单栏选择"程序"→"CNC-启动"，进入启动测量界面。按照如图 7-1-20 所示顺序进行设置，设置完成后单击"开始"按钮。

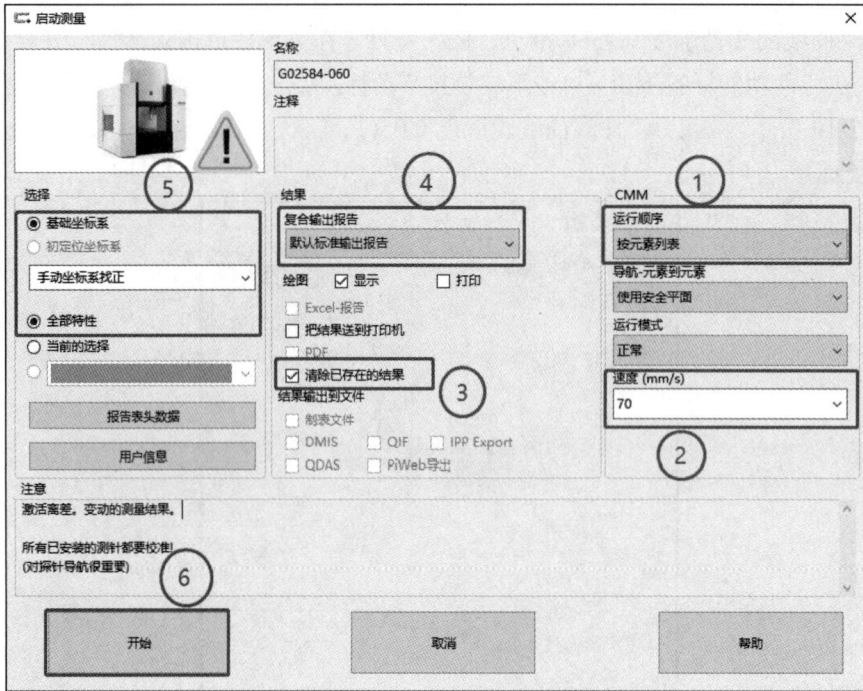

图 7-1-20　启动测量

9. 输出报告

程序运行完成，自动输出如图 7-1-21 所示测量报告。

部件名称	转接头检测		
图号			
订单号		最后的测量值 1	
变体		► 批准 ≠ 集合成块	
公司		部件标识符	5
部门		时间/日期	2022/1/6 14:07
CMM 类型	CON_2017	运行	全部特性
CMM 号	000000	测量值数量	2
操作者	Master	编号数值: 红色	● 1
文本		Measurement Duration	00:00:04.0

名称	测量值	名义值	+公差	-公差	偏差 +/-
线形轮廓度1	0.0217	0.0000	0.0500	0.0000	0.0217 ●

文本	事件	写入更改，写入测量属性，锁定最后一次测量
	-	写入更改，写入测量属性，批准最后测量，提交最近一次测量
	未定义	

图 7-1-21　测量报告

任务二　曲面检测

一、相关知识

(1) 面轮廓度公差。常见的面轮廓度公差的标注及解读如表 7-2-1 所示。

表 7-2-1　面轮廓度公差的标注及解读

形状公差项目	标 注 示 例	识读	解 读 含 义
无基准的面轮廓度公差		被测曲面的面轮廓度公差为 0.02 mm	提取(实际)轮廓面应限定在直径等于 0.02 mm、圆心位于被测要素理论正确几何形状上的一系列圆球的两等距包络面之间
相对于基准体系的面轮廓度公差		被测曲面相对于基准 A 的面轮廓度公差为 0.1 mm	提取(实际)轮廓面应限定在直径等于 0.1 mm、圆心位于由基准平面 A 确定的被测要素理论正确几何形状上的一系列圆球的两等距包络面之间

(2) 面轮廓度误差及评价。面轮廓度误差是指实际被测要素相对于理想要素的变动量，合格条件是面轮廓度误差值不大于面轮廓度公差值。

在菜单栏单击"形状与位置"→"面轮廓度",在特性功能标签下出现"轮廓度"图标,双击打开,弹出轮廓度对话框,该对话框各图标含义说明如图 7-2-1 所示。在"元素"按钮处选择被测元素,并设置基准,修改标识及公差值,即可完成面轮廓度误差的评价。

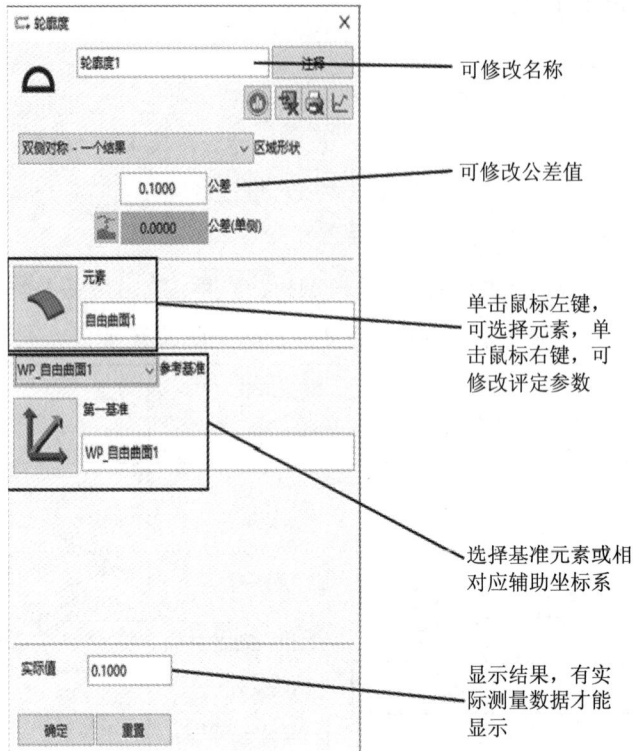

图 7-2-1　面轮廓度对话框各图标含义说明

(3) 面轮廓度误差数据分析。在"面轮廓度"对话框点击 ⬛,弹出如图 7-2-2 所示的 PiWeb reporting 对话框,在"输出点列表"后的下拉菜单选择"打开",则在输出的报告中显示各个测量点的偏差数据,如图 7-2-3 所示。

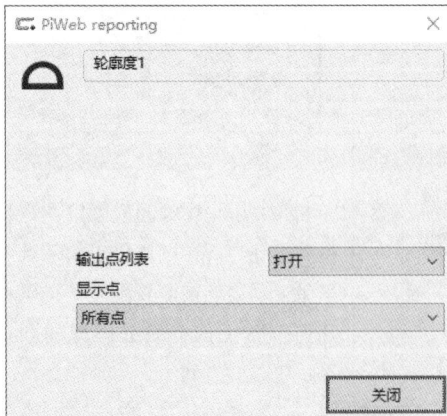

图 7-2-2　PiWeb reporting 对话框

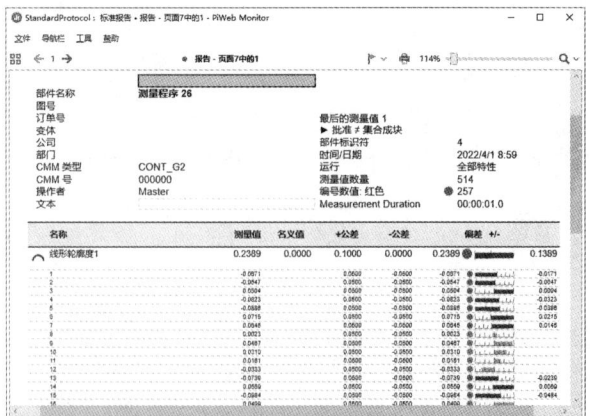

图 7-2-3　测量报告

二、任务实施

1. 梳理测量项目

对测量项目进行梳理并编号，如图 7-2-4 所示；对测量元素进行编号，如图 7-2-5 所示，形成表 7-2-2 所示的测量项目表。

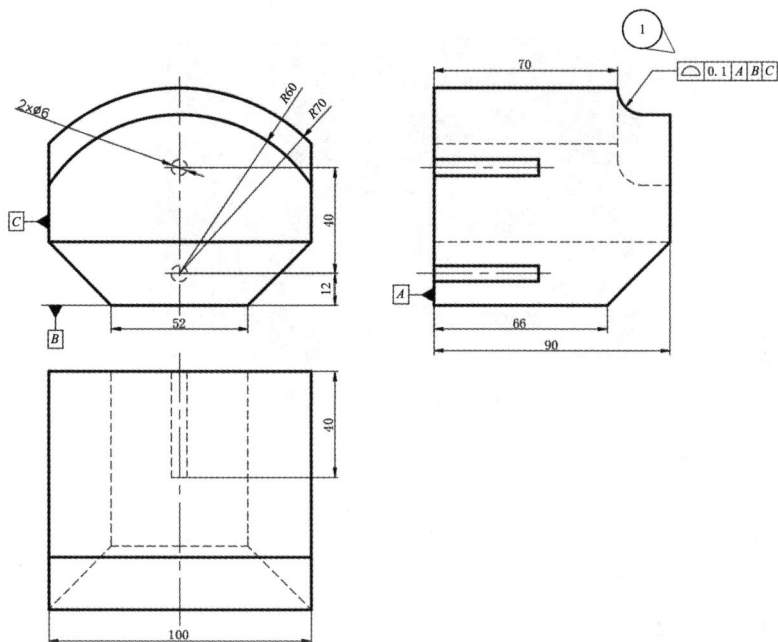

图 7-2-4　测量项目编号

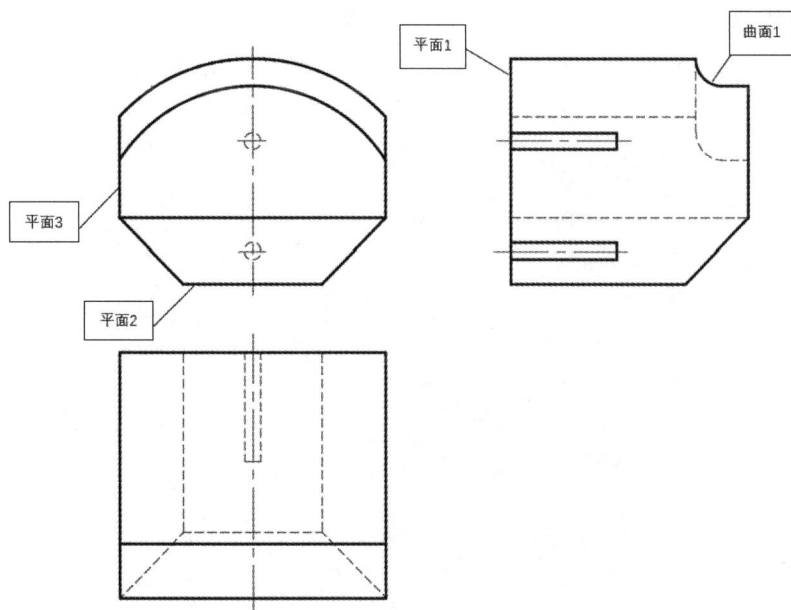

图 7-2-5　测量元素编号

表 7-2-2　测量项目表

序号	测量项目	描　述
2	曲面的面轮廓度 0.1(基准 *A*、*B*、*C*)	曲面的面轮廓度 0.1

2. 确定装夹方案

结合工件装夹的原则，采用如图 7-2-6 所示的装夹方案，保证一次装夹可完成全部元素的测量。

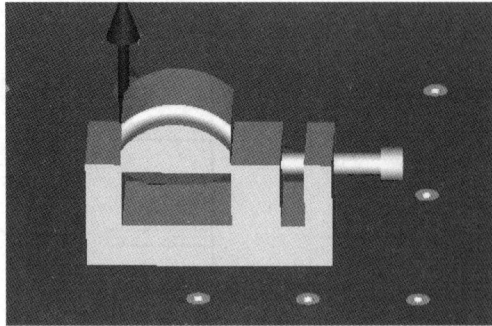

图 7-2-6　工件装夹方案

3. 探针选型与校准

对于带有旋转测座的传感器，可以选择 L58D3 探针，测针选 1_A0B0 和 4_A90B90，并进行校准。对于固定式传感器，可以选择 1 号和 4 号星型探针结构，本任务以旋转测座的传感器为例进行介绍。

4. 建立基础坐标系

在测量程序功能标签下单击 ，弹出如图 7-2-7 所示的读取建立的或修改的基础坐标系对话框，采用默认设置，单击"确定"按钮，弹出基本坐标系对话框。按照如图 7-2-8 所示内容选择对应的元素建立坐标系，建立完成后的坐标系显示如图 7-2-9 所示。

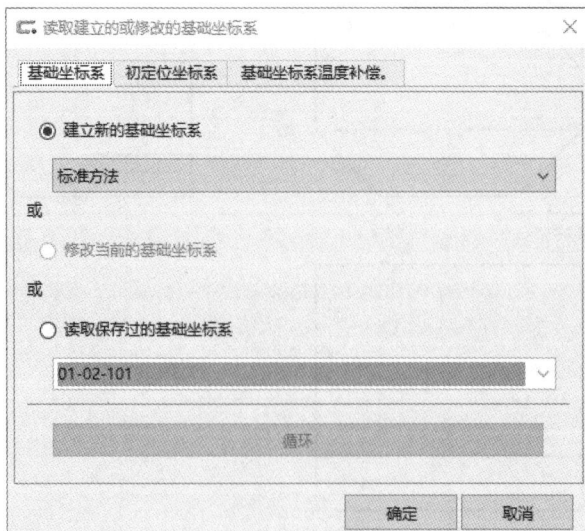

图 7-2-7　读取建立的或修改的基础坐标系对话框

图 7-2-8　建立坐标系

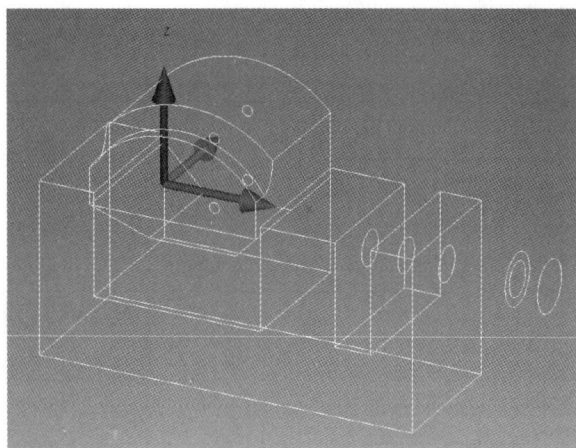

图 7-2-9　坐标系显示

5. 创建安全平面

在测量程序功能标签下单击 ，弹出如图 7-2-10 所示的安全平面对话框，单击"从 CAD 模型提取安全平面"按钮，在弹出的边界距离对话框中采用默认值 10 mm。单击"确定"按钮，完成安全平面的创建。

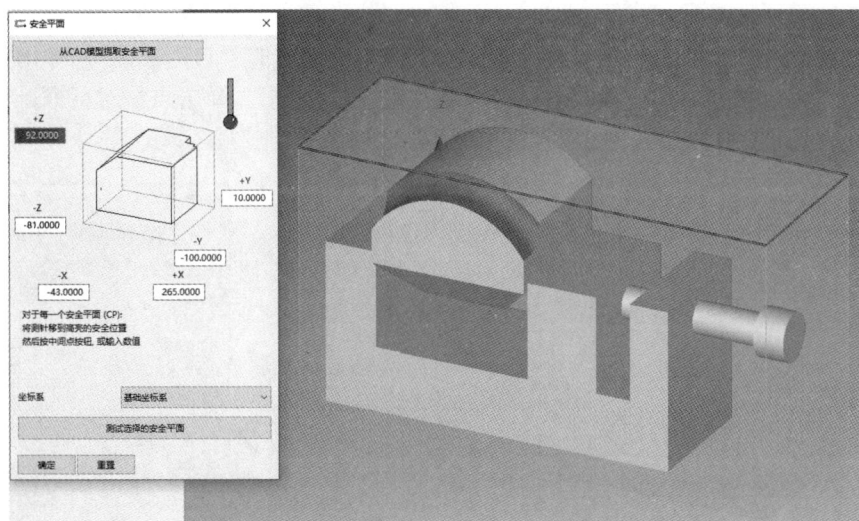

图 7-2-10　安全平面对话框

6. 定义曲面及策略

(1) 定义曲面。在菜单栏单击"CAD"→"创建元素"，弹出创建元素对话框，选择"点集"选项卡，如图 7-2-11 所示，在元素选项选择"自由曲面"，在生成路径选择"自由表面"，按住键盘上的 Ctrl 键，在 CAD 模型上用鼠标左键选中被测的曲面(选中的曲面显示紫红色)，如图 7-2-12 所示。依次单击"创建"按钮、"创建元素"按钮，完成自由曲面的定义。此时，在元素功能标签下生成创建的"自由曲面"。

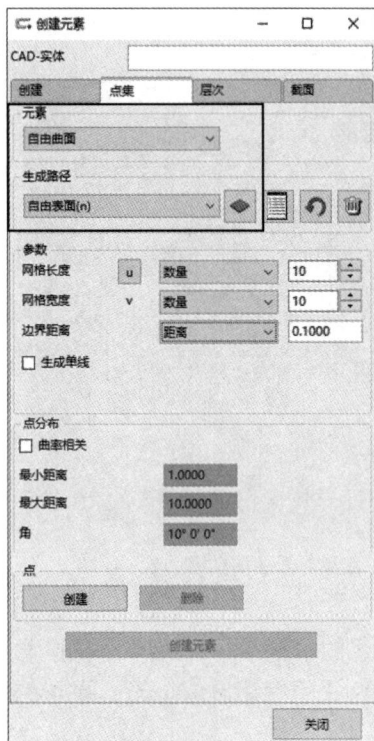

图 7-2-11 点集界面

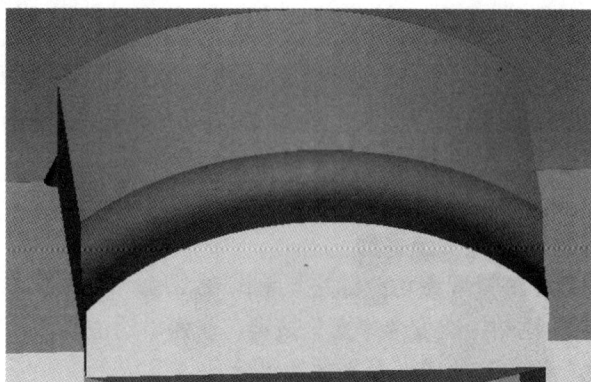

图 7-2-12 选择曲面

(2) 设置自由曲面策略。在元素功能标签下双击新创建的"自由曲面"，弹出元素对话框，单击"策略"按钮，弹出策略对话框，依次双击"点集"，弹出点集对话框，设置速度参数为 3.0，步距参数为 0.5，如图 7-2-13 所示。

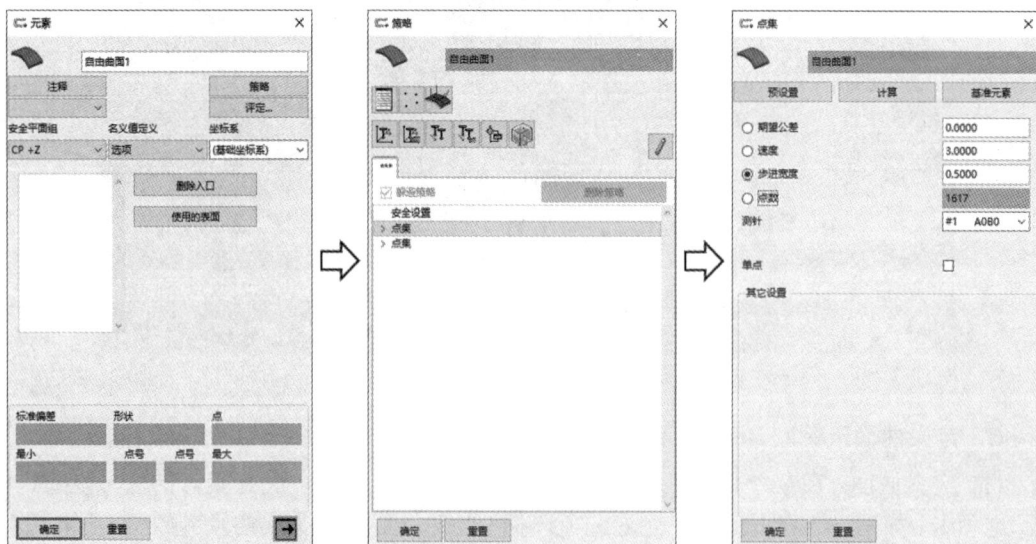

图 7-2-13 设置策略

(3) 基准平面及策略。平面 1～平面 3 采用多义线扫描策略，步距 0.1 mm，勾选滤波和粗差，滤波波长 0.8 mm。

7. 定义特性

定义"曲面的面轮廓度 0.1(基准 A、B、C)"特性。在菜单栏单击"形状与位置"→"面轮廓度"，在特性功能标签下出现"轮廓度"图标，双击打开，弹出轮廓度对话框，按照图 7-2-14 所示内容定义"曲面的面轮廓度 0.1(基准 A、B、C)"特性。

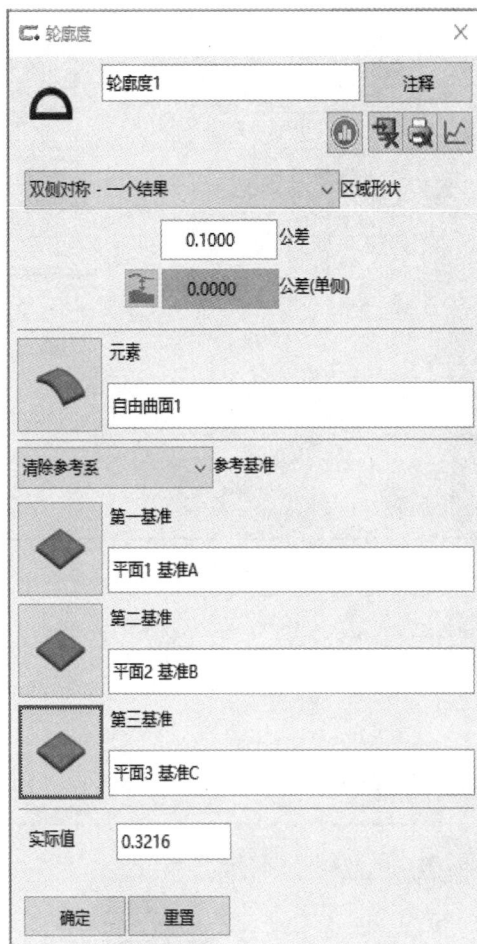

图 7-2-14　定义"曲面的面轮廓度 0.1(基准 A、B、C)"特性

8. 运行程序及调试

检查安全五项，安全五项参数按照表 7-2-3 所示内容进行设置。

表 7-2-3　安全五项参数设置

序号	元素	安全平面组	安全距离	回退距离	探针	测针
1	平面 1～平面 2	CP + Y	0	5	L58D3	4_A90B90
2	平面 3	CP + Z	0	5	L58D3	1_A0B0
3	自由曲面 1	CP + Z	0	5	L58D3	1_A0B0

运行程序前，调节手柄上的速度控制旋钮，将运行速度调到最慢。在菜单栏选择"程序"→"CNC-启动"，进入启动测量界面。按照如图 7-2-15 所示顺序进行设置，设置完成后单击"开始"按钮。

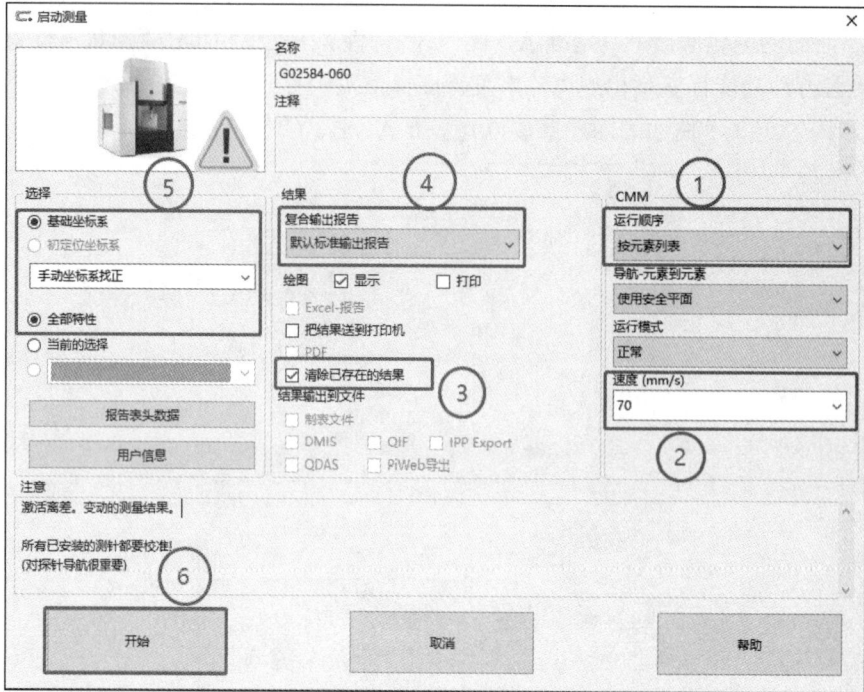

图 7-2-15　启动测量

9. 输出报告

程序运行完成，自动输出如图 7-2-16 所示测量报告。

图 7-2-16　测量报告

习　　题

1. 线轮廓度公差在有无基准时，有没有区别？
2. 线轮廓的公差带是怎样的？
3. 面轮廓度的公差带是怎样的？
4. 在被测要素和基准相同时，线轮廓度误差值和面轮廓度误差值的大小有什么关系？

参 考 文 献

[1]　李明，费丽娜. 几何坐标测量技术及应用[M]. 北京：中国标准出版社，2012.

[2]　常昱茜，郭国. 精密检测实训[M]. 天津：天津大学出版社，2023.

[3]　鲁储生，张宁. 精密检测技术[M]. 北京：机械工业出版社，2018.

[4]　罗晓晖，王慧珍，陈发波. 机械检测技术[M]. 2 版. 杭州：浙江大学出版社，2015.

[5]　费业泰. 误差理论与数据处理[S]. 7 版. 北京：机械工业出版社，2017

[6]　全国产品几何技术规范标准化技术委员会. GB/T 16857.2—2017 产品几何技术规范(GPS)坐标测量机的验收检测和复检检测 第 2 部分：用于测量线性尺寸的坐标测量机[S]. 北京：中国标准出版社，2017.

[7]　全国产品几何技术规范标准化技术委员会. GB/T 1182—2018 产品几何技术规范(GPS)几何公差 形状、方向、位置和跳动公差标注[S]. 北京：中国标准出版社，2018.

[8]　全国产品几何技术规范标准化技术委员会. GB/T 1958—2017 产品几何技术规范(GPS)几何公差 检测与验证[S]. 北京：中国标准出版社，2017.